掌控注意力
打败分心与焦虑

[美]露西·乔·帕拉迪诺（Lucy Jo Palladino） 著
苗娜 译

Find Your
Focus Zone

中国人民大学出版社
·北京·

图书在版编目（CIP）数据

掌控注意力：打败分心与焦虑 /（美）露西·乔·帕拉迪诺（Lucy Jo Palladino）著；苗娜译 . —北京：中国人民大学出版社，2022.1
ISBN 978-7-300-29583-1

Ⅰ . ①掌… Ⅱ . ①露… ②苗… Ⅲ . ①注意—通俗读物 Ⅳ . ①B842.3-49

中国版本图书馆 CIP 数据核字（2021）第 159240 号

掌控注意力
打败分心与焦虑
［美］露西·乔·帕拉迪诺（Lucy Jo Palladino） 著
苗娜 译
Zhangkong Zhuyili

出版发行	中国人民大学出版社
社　　址	北京中关村大街 31 号　　邮政编码　100080
电　　话	010-62511242（总编室）　010-62511770（质管部）
	010-82501766（邮购部）　010-62514148（门市部）
	010-62515195（发行公司）010-62515275（盗版举报）
网　　址	http://www.crup.com.cn
经　　销	新华书店
印　　刷	北京联兴盛业印刷股份有限公司
规　　格	148 mm×210 mm　32 开本　　版　次　2022 年 1 月第 1 版
印　　张	9　插页 2　　　　　　　　　　印　次　2022 年 10 月第 2 次印刷
字　　数	217 000　　　　　　　　　　　定　价　69.00 元

版权所有　侵权必究　　印装差错　负责调换

测一测：你是否需要这本书？

你的注意力是不是难以集中？

大部分人每天都在无所事事和焦虑紧张中摇摆。检查一下，你是不是做过如下事情：

- 在书店买完新书后，到家翻几页就放下了，永远读不完。
- 最近买到的时尚玩意儿，趁新鲜的时候把玩，然后就把它束之高阁了，跟那些没有读完的书一个下场。
- 中断手头上的事情去回复一封电子邮件，但是在你的草稿箱里还有好几封写到一半的邮件。
- 已经同意赴约，但到赴约的时候又找借口推脱爽约，只是因为没能完成手头的事情。
- 雄心勃勃地想尝试一下新的菜肴，但是准备好的食材总是放在冰箱里直到变质。

你是不是迷糊到难以做决策？

有的人觉得自己更倾向于迷糊的类型。他们善变，总是不能坚持自己的目标。他们花费了大量的时间研究调查，到头来还是犹豫不决。

你是不是会这样：

- 去书店，翻看了几本书，难以决定到底买哪一本，回到家后又对其中一本书念念不忘，返回书店却发现心仪的书已经被买走了。
- 总是对购买最新的高科技产品犹豫不决，最终购买后却将它束之高阁，直到别人把它安装调试好。
- 草稿箱里有六封以上没有写完的邮件。
- 已经同意赴约，而且很期待，但不管什么时候开始准备，结果总是迟到。
- 几周前就开始考虑新的菜肴，上网找菜谱，然后把菜谱贴到冰箱上，但过了很久还是没有任何行动。

你是不是属于能迅速转移注意力的类型？

有的人总是追求速度和强度。他们喜欢瞬息万变。你是不是会这样：

- 只去有无线网络的书店，以便能随时上网。
- 总是最早拥有最新潮的产品，毫不犹豫地购买下一代新产品，而且每种新玩意儿都有不同的用途。
- 总是不断地检查你的邮件，并总是立即用最简短的语言回复邮件。
- 已经同意赴约，但是随后发现还有更有意思的事情，于是就推掉先前的约会。
- 即使需要减肥，你还是会吃很多东西，并且不忘记多加点调料，一个绝好的理由就是迅速地吃完这些东西就能减肥。

不管你或你的孩子是以上哪种类型的人，你都应该把这本书带回家，细细地读一读。

目 录

引 言 ·· 1

第一部分　了解你的注意力专区 ······································ 13
第一章　什么是你的注意力专区？ ······························· 15
第二章　无聊，兴奋，还是两者都是？ ························ 31
第三章　数字时代的注意力 ·· 42
第四章　我们将如何运用自己的大脑？ ························ 55

第二部分　八串钥匙 ·· 63
第五章　情绪调节技巧 ··· 65
第六章　面对恐惧 ··· 97
第七章　心理调节技巧 ·· 131
第八章　无压力的安排 ·· 152
第九章　行为技巧 ·· 177

第三部分　数字时代的成功策略 ···································· 197
第十章　智胜干扰和信息过载 ···································· 199
第十一章　在21世纪战胜干扰 ································· 221
第十二章　患了注意力缺乏障碍怎么办？ ··················· 230

第四部分　注意力是你的生活方式 ⋯⋯⋯⋯⋯⋯⋯⋯⋯ 247
第十三章　教导孩子提高注意力 ⋯⋯⋯⋯⋯⋯⋯⋯ 249
第十四章　注意力的力量 ⋯⋯⋯⋯⋯⋯⋯⋯⋯⋯⋯ 272

致　谢 ⋯⋯⋯⋯⋯⋯⋯⋯⋯⋯⋯⋯⋯⋯⋯⋯⋯⋯⋯⋯⋯ 280

引 言

你和我拥有的时间都是一周 7 天每天 24 小时,但是有的人总是想加快节奏。新科技提高了生产力,但是随之而来,快节奏的生活也让我们备感压力。你一定有手机吧?可不是,你的老板在你下班的时候也能很快找到你。你的手机有上网功能吗?真不错,你一定有不少邮件要处理吧。另外,你可以随时更新文件了……无论你是休闲还是工作,你总会受到连续不断的命令和随时在线的电子设备的困扰。同时接受多个任务似乎是现在的趋势。难以辨别这是更好还是更坏的事情,但我们总是不断地给大脑输入大量的信息,这种现象被称为"持续性部分注意"(continuous partial attention)。

之所以在数字时代注意力会不集中,是因为现在人类的刺激和焦虑已经达到了一个新的水平。互联网上的信息每天像井喷一样,对于这些信息我们需要快速吸收。惊人的信息量使我们根本没有时间来及时处理它们。周末并不仅仅是可以休息的日子,还是我们用来整理信息、赶上进度的好时候。在信息井喷的今天,原有的保持注意力的方法已经完全失效了。我们需要新的工具。

注意力集中让你与众不同

能够控制自己的注意力是一项重要的技能。我们每个人都需要拥有引导自身注意力的能力,否则将很难实现我们的目标。我的专业是研究人类的注意力,在长达三十年的精神科临床实验中,我曾经诊断过成百上千位患有注意力不集中问题的病人。我曾经帮助过很多人,通过提高他们的注意力来解决他们遇到的问题。实践表明,学习注意力的管理技巧可以让每个人生活得更好。

以今天早上的案例来说,我的第一个预约者是一位心脏病刚被治愈的企业家。他来到我这里学习压力管理技巧,以便让自己免遭病魔的再次侵袭。他最大的问题是,即便是在家休息的时候,也难以摆脱高度紧张的工作环境带来的压力。此外,我还见到过一名三十多岁的女子与抑郁症做抗争。"每个人都会告诉你要积极,"她说,"但是没有人告诉你应该怎样做。"我已经准备帮助她从担忧、责怪和自我批评等负面想法中解脱出来,转而专注于希望、信任和自我欣赏。

还有一个大学生,患有社交恐惧症,我帮助他把注意力从被拒绝的回忆中转移出来,多从其他朋友身上学习与人交流的技巧,最终他可以在社交活动中游刃有余。还有一个出生于美国"婴儿潮"时期的人,拼命想要减肥,整天强迫自己把满脑子的香肠和点心换成水果和蔬菜。一对年轻的夫妻每周都会来我的诊所,就是为了找到一种方法来发现对方的优点而不是总互相指责。这些事例都说明,控制注意力是我们每个人健康、幸福生活不可缺少的元素。

引言

在数字时代，注意力不集中如何给你带来麻烦？

在数字时代保持注意力的集中，每个人都有不同的优势和劣势。你的习惯是什么？你是不是总感觉无所事事或焦虑紧张？抑或在两者之间徘徊？或者你总是走向极端，把自己的时间安排得满满的，没有休闲的时间？你要花点时间问问自己，什么才是你的习惯。

你的注意力是不是难以集中？

大部分人每天都在无所事事和焦虑紧张中摇摆。检查一下，你是不是做过如下事情：

- 在书店买完新书后，到家翻几页就放下了，永远读不完。
- 最近买到的时尚玩意儿，趁新鲜的时候把玩，然后就把它束之高阁了，跟那些没有读完的书一个下场。
- 中断手头上的事情去回复一封电子邮件，但是在你的草稿箱里还有好几封写到一半的邮件。
- 已经同意赴约，但到赴约的时候又找借口推脱爽约，只是因为没能完成手头的事情。
- 雄心勃勃地想尝试一下新的菜肴，但是准备好的食材总是放在冰箱里直到变质。

你是不是迷糊到难以做决策？

有的人觉得自己更倾向于迷糊的类型。他们善变，总是不能坚持自己的目标。他们花费了大量的时间研究调查，到头来还是犹豫不决。你是不是会这样：

• 去书店，翻看了几本书，难以决定到底买哪一本，回到家后又对其中一本书念念不忘，返回书店却发现心仪的书已经被买走了。

• 总是对购买最新的高科技产品犹豫不决，最终购买后却将它束之高阁，直到别人把它安装调试好。

• 草稿箱里有六封以上没有写完的邮件。

• 已经同意赴约，而且很期待，但不管什么时候开始准备，结果总是迟到。

• 几周前就开始考虑新的菜肴，上网找菜谱，然后把菜谱贴到冰箱上，但过了很久还是没有任何行动。

你是不是属于能迅速转移注意力的类型？

有的人总是追求速度和强度。他们喜欢瞬息万变。你是不是会这样：

• 只去有无线网络的书店，以便能随时上网。

• 总是最早拥有最新潮的产品，毫不犹豫地购买下一代新产品，而且每种新玩意儿都有不同的用途。

• 总是不断地检查你的邮件，并总是立即用最简短的语言回复邮件。

• 已经同意赴约，但是随后发现还有更有意思的事情，于是就推掉先前的约会。

• 即使需要减肥，你还是会吃很多东西，并且不忘记多加点调料，一个绝好的理由就是迅速地吃完这些东西就能减肥。

引言

不管你是以上哪种类型的人，你都会从本书中受益匪浅。

必须学习控制注意力

我对注意力的兴趣始于20世纪70年代中期从学校毕业的时候，那时我正在准备博士论文，要知道完成博士论文可不是一件轻松的事情。当我的邻居在隔壁欢声笑语聚会的时候，我不得不坐在桌前，读着干巴巴的专业刊物，还得认真仔细地找寻论题，撰写论文。我记得当我拿着第一份初稿让导师检查的时候，他说："露西，你写得很有激情。"当我正扬扬得意的时候，他接着说："不过这是科学论文，需要的是冷静。"

为了克服这个困难，我仔细思考如何让自己专心应对那些烦琐的工作。这件事情给了我一个启发：为什么不写一篇有关如何提高注意力、克制走神的论文呢？

那个时期，心理学家刚刚开始使用认知疗法来帮助人们化解负面情绪，使人们敢于直面挫折、减少焦虑、控制愤怒，进而改善生活习惯。认知疗法是一种通过转变人的思想来改变其感觉和行为的方法。我当时就在想：认知疗法是否适用于培养一个人的注意力？于是我将其作为我的研究方向——将认知策略用于自我控制，使用自我教导对抗分心。

我录制了一份具有易导致人分散注意力的声效的磁带，里面包括闲聊、摇滚乐、小品类喜剧、滑稽喜剧的声音。我首先要测试一下这些声音是不是会分散其他人的注意力。做测试的消息传出后，大学生们在我的办公室外排起了长队，志愿参加这个测试。

为了做好实验，我逐一测试了60位同学。我要求每个人在听带有分神效果的磁带时做些检查错字的工作。通过单面镜，我观察着每一个受测者的动作，看着他们在书本上标记其中的错误。单面镜后，三个拿着秒表的计数员记录着受测者"偏离任务"的次数，包括受测者左顾右盼、停下手里的工作太长时间或者拿着笔却没有动笔的次数。

在测试前，同学们被随机分成五组，我分别告诉其中的四组采用4种不同的认知策略来做测试：(1) 走神的时候默默地对自己说"不，我不应该听"，或者就是简单地对自己说"不"。(2) 注射形式——同样是在练习期间采用思想停止的方法，只不过是用由小到大的声音来提醒自己。(3) 目标性的自我引导——默默地对自己说"我能继续工作"，或者干脆就是简短地对自己说"工作"。(4) 阻止策略——默默地喃喃自语。至于第五组受测者，我没有对他们进行任何训练，任由他们自行控制。

接受过任意的认知训练的四组被测试者，其测试结果都比没有接受过训练的组好很多。他们在检查错字的工作中投入了更多的时间，仅仅偶尔偏离工作。尽管这看上去和他们被教授何种认知策略没有关系，但是他们总比没习得任何策略的人要好很多。如果没有采用自我认知策略，可能到现在我还在写论文的引言部分呢。

你的注意力专区

从那时起，我开始了有关注意力的理论研究和实践。我发现绝大多数提高人类注意力的进步缘于运动心理，所以我决定通过结交一个奥林匹克运动心理学家来提升我的相关知识和技巧。

从运动心理学家那里我了解到，当提到保持注意力，优秀的运动员总是会面临两方面的挑战：一是长时间枯燥的训练；二是高危险性、高压力赛事。为了制定应对上述两种挑战的策略，运动员往往会采用倒 U 形曲线（参见第一章）。在曲线的一端，他们总是不够活跃，换句话说，他们总是没有达到训练要求的注意力集中程度，这通常发生在比赛前集训的几个月里。于是，他们需要通过认知策略使自己兴奋起来。这种情况通常发生在比赛时，特别是当他们焦急地在起跑线上等待的时候。同时，他们也需要通过认知策略让自己平静下来。在曲线的中部，运动员则达到了可以控制自己注意力的最佳状态。这时，他们运用策略来检查自己，以确保自己保持在"放松戒备"状态。

倒 U 形曲线与我的博士研究结果吻合。我向我的实验对象灌输的所有策略都是有效的，因为他们预防了过度刺激。实验对象的注意力得以提高，因为他们过滤掉了会让他们分心的干扰声。通过限制干扰声对他们自身的刺激强度，实验对象持续停留在他们的注意力专区。

倒 U 形曲线同样解释了现在人们每天遇到的令他们分神的问题。我们的文化变得更加灵活、高速，科技压力、信息爆炸和媒体饱和使我们正毫无察觉地渐渐远离自己的注意力专区。我们已经把以下现象视为司空见惯：阶段性的行动消沉和过度的行动兴奋。我们常常处于仅有部分注意力集中的状态，机会从身边溜走，生活质量则深受其害。

近些年，我帮助了不同年龄段的人重新找到他们的注意力专区，本书中对这些原则和技巧做了相应介绍。我很高兴在这里与大家分享这些办法和工具。

生活在短暂注意力的时代

如果时至今日我还在致力于我的博士研究，我想我一定会增加令人分神的视频而不仅仅是一些声音了。我们每个人在自己的头脑中都有一个永恒的回路放着自己内部的干扰磁带。比如你正阅读此书，也许同时你在想，我今天应该回复谁的电话？我查收邮件了吗？我的手机充电了吗？现在几点了？今天应该轮到谁做饭了？你可能刚刚还瞥了一眼你的手机看看有没有收到新消息。你有没有上述想法和行动？

数字时代的短暂注意力可谓比比皆是。1971年，平均每个美国人每天接触到约560条广告信息。不算垃圾广告和弹出广告的话，这个数字到1997年已经增加到每人每天3 000条，而且还在不断上涨。加州大学伯克利分校的研究显示：

• 每年世界上制造出的打印材料足以充满100 000个国会图书馆。

• 表面网站，也就是每个人可以随时看见的那种，数量正在以每天730万的速度增加。

• 世界上共有3万多个电视台，平均每个制作出4 800小时的节目，那么每年一共制作出超过1.5亿小时的节目。

从没有哪个时代像现在一样需要我们控制自身的注意力。每个人都有太多的事情要做，但时间却少得可怜。停工期几乎已经消失了。电话铃声或者从屏幕发出的噪声吸引着你的注意力，让你将注意力更快地转移到其他地方。我们需要更多的睡眠时间，但是能用来睡眠的时间却在减少。于是我们用咖啡和糖来保持清醒，但是这把双刃剑却毁掉了我们的注意力。

保持良好注意力的益处

本书的方法和策略能帮助你在电话响起、传真机启动和收到邮件时保持注意力。你将学到马上可以应用的技巧。你也可以给你的孩子传授经验。

你的同事可能打扰你的工作，你的电脑屏幕弹出广告，有冲动跳入你的大脑，但是你仍旧保持原有的注意力并准时完成工作。设想一下这样的情景，肯定让你感到信心倍增。

在本书中你学到的技巧将帮助你：
- 不再拖延并且有能力面对无趣的工作。
- 克服障碍并且完成预期的工作。
- 不让自己感到挫败或过度疲劳。
- 值得被人们信赖。
- 增加自信心。
- 提高效率和效益。
- 即使曾经走过弯路，也能保持坚韧不拔。

言传不如身教

我出版的第一本书名为《梦想家、发现者和发电机》，原名是《爱迪生的特质》，此书是写给父母和教师的。一天夜晚，在一个交流会上，一位母亲站起来说："帕拉迪诺博士，其实不仅仅是孩子注意力不集中，还有我们——他们的父母。成年人才是最先需要改掉这个坏毛病的人群。"

这位母亲可谓一语中的。在本书中，你会了解到"镜像神经元"这一术语，这是在人类脑科学领域中最重要的发现之一。我们每个人都有一个镜像神经元系统，观照我们自己的行动，或者其他人同样的行动。"镜像神经元"也被称为"角色模型神经元"。当你的孩子看到你注意力不那么集中的时候，她的镜像神经元系统就暗示她也应该是心不在焉的。如果她看到你是全神贯注的,她的镜像神经元系统则暗示她也应该聚精会神。换句话说,不自觉地,你的行为影响着孩子的行为。

伟大的心理学家卡尔·荣格（Carl Jung）曾经说过,"如果我们想改变孩子,首先要审视自我,看看是否可以更好地改变自己"。儿童的心灵就像橡皮泥一样具有可塑性。如果你已为人父母,可以让你自己提高注意力的方法,往往也是适用于你孩子的绝好范例。

本书的框架

本书分为四个部分。在第一部分,你将了解自己的注意力专区,倒 U 形曲线,以及它们之间的关系。第二部分包括情绪、心理调节技巧和行为技巧,并为你提供八串钥匙,以便你选择最适合自己的策略。

```
┌─────────────────────────┐
│      ⊶ 八串钥匙          │
│                         │
│   钥匙串 1 ⊶ 自我意识     │
│                         │
│   钥匙串 2 ⊶ 改变状态     │
│                         │
│   钥匙串 3 ⊶ 终结拖延     │
│                         │
│   钥匙串 4 ⊶ 抗焦虑       │
│                         │
│   钥匙串 5 ⊶ 强度控制     │
│                         │
│   钥匙串 6 ⊶ 自我激励     │
│                         │
│   钥匙串 7 ⊶ 保持状态     │
│                         │
│   钥匙串 8 ⊶ 健康的习惯   │
└─────────────────────────┘
```

第三部分教你如何使用这些钥匙来解决数字时代的分心问题——如何对应被干扰和超负荷的工作,如何让工作不干扰到你的家庭生活,以及如果你或你的朋友有注意力缺失症,你该采取的办法。在第四部分,你将学习如何教你的孩子集中注意力,以及采取哪些措施保持有效的注意力。

注意力是如何被我们创造出来的

注意力是一种力量。如果你想见识一下这种力量,那就请你试一试让一个孩子保持注意力,前提条件是他的兄弟姐妹跟他在同一间屋子里!在当今世界,随着信息的数量迅猛增长,注意力的价值日益攀升。在介绍"注意力经济"时,商业专家托马斯·达文波特(Thomas Davenport)和约翰·贝克(John Beck)指出,"未来能够成功的公司不是那些进行时间管理的公司,而是那些实行注意力管理的公司"。

注意力是我们每个人在清醒时刻的唯一创造力。我们可以在任何时刻利用它来奖励我们自己和其他人的行为。被奖励的行为是可重复的。当父母和老师不再关注孩子的破坏性行为,而是发现他们的闪光点,就会看到戏剧性的差异。夫妻一方也可以通过选取他们的关注点和忽视点来影响对方的行为。

学会引导自己的注意力可以让你充满力量。你越是能有效地控制对注意力的需求,那些需求对你产生的影响就越小。你控制自己的精力,决定什么需要你倾情投入,而什么是需要忽视的。西班牙哲学家奥德嘉·贾塞特(Ortega Gasset)曾经说过:"告诉我你关注的地方,我会告诉你你是谁。"

我们通过自己关注的东西来认识自己,不论我们将注意力投向何方,都是成长的历程。一位印第安老者在教授孩子们礼节仪式时说:"在我的内心一场可怕的战争正在展开,那是两群狼之间的战争。一群狼代表着恐惧、愤怒、贪婪和无情,而另一群则代表着信仰、和平、真实、关爱和理智。两群狼之间的战争也在你的内心展开,它们代表你心中的两个自我。"孩子们思考了一会儿,其中一个孩子问道:"谁会赢呢?"老者回答:"你喂食的那群。"

第一部分
了解你的注意力专区

在这一部分中,你将会了解到什么是你的注意力专区,以及在注意力很难集中的环境中保持高度注意力的方法及策略。你将读到一些我曾经接触过的案例,了解到让他们分心的原因。第一部分教给你倒 U 形曲线和控制刺激与动力的重要性。你还会了解到人们头脑中的通路若不使用就会退化,这也是为什么加强头脑中负责选择和保持注意力集中的神经元如此重要。

第一章
什么是你的注意力专区？

> 吻着一个漂亮姑娘还能把车开得稳稳当当，只能说明这人吻得不够专心。
>
> ——爱因斯坦

1977年，我从一匹脱缰的马身上摔下来以后得了脑震荡，头部缝了7针，腿部用石膏固定了8周，从此我对骑马失去了兴趣。27年后，我的女儿告诉我，她想骑马。她正好跟我当年发生意外的年纪差不多。看来我重返马背的时机到来了。我在圣巴巴拉找到了一个跑马场，在那里我们可以一边欣赏风景，一边与其他人一起接受专业指导。

上午练习前我们聚集在马厩。教练根据我们的经验水平为我们选择合适的马匹。我的表情肯定是紧张的、恐惧的。女儿和我都是新手，教练分给女儿一匹叫火箭的马，我分到的那匹叫内莉。瞬间我感到不那么紧张了。

上马后，我往下看，马背到地面的距离让我觉得头晕目眩。顿时，我心跳加速，手心渗出了汗。教练在他的马上，开始指导我们的动作。我知道他在说话,而且知道他的话很重要,但我的耳朵似乎根本听不进去他说的话。我的注意力都在湿漉漉的草地上。我的肌肉紧张、思绪纷乱。内心深处,一个"我"叫喊着:"趁现在还有机会,赶紧下来吧!"而另一个"我"则将我的脚死死地蹬在马镫上。我瘫在那里,死死地盯着草坪,不知所措。教练把他的马头转过来指导大家跟着他做,我也魂不守舍地、机械地跟着做,但根本不知道自己在做什么。

几分钟过后,我努力让自己平静下来。我觉得安全些了,注意力也开始集中了。我骑着马向女儿靠近,她告诉我刚才教练都指导了什么。这一天终于有个不错的结局。但是,回想到在跑马场自己模糊的意识,我很惊讶,我怎么会在最需要注意力的时候心不在焉?而我后来又是如何做到集中注意力的?

一个重要的联系

注意力和刺激之间的联系已经被广泛认可。这两者的关联是理解注意力和学习如何控制注意力的核心。当你处于缺乏刺激或过度刺激的状态下,是难以集中注意力的。你注意力最集中的时候也就是受到恰当程度刺激的时候。

心理学家使用"刺激水平"来描述你感到无聊或兴奋的程度。这是个心理学词汇,是通过你的肾上腺素分泌量多少来判断受到的刺激水平。肾上腺素的分泌量,反过来也取决于你感觉无聊或兴奋的程度。刺激也被称作激活或驱动力。

刺激和肾上腺素的关系就好像是难以判定先有鸡还是先有蛋一样:你越觉得兴奋,就会分泌出越多的肾上腺素;分泌出越多的肾上腺素，也就会让你越兴奋。反过来也是一样的。你越感到无聊，你的肾上腺素分泌得越少；你的肾上腺素分泌得越少，那么你就越觉得无聊。无论是过度兴奋还是缺乏兴奋，你的注意力都会受到不良影响。

当你受到过度刺激，肾上腺素水平过高，就说明你处于过度兴奋的状态。根据你当时的想法和情况，你可能会感到紧张、过度兴奋、担心、愤怒或害怕。设想一下你发表演讲前的几个小时，或者是大考前，或即将面对挑战时，你的心跳会加速，呼吸会慢慢地加重，觉得自己的大脑已经处于飘忽游离状态。

当你没有受到刺激的时候，你肾上腺素分泌水平很低，你缺乏足够的驱动力。你可能会觉得停滞不前、行动缓慢，或毫无动力。设想一下你要写一份技术报告，或者要整理壁橱，或要去报税。你很难集中精神全心投入，于是你觉得自己行动缓慢、昏昏欲睡，非常想查收电子邮件、看电视，或吃点零食，或者去做任何一件比手头枯燥任务有意思的事情。

当受到适度的刺激时，你处在一种"放松戒备"状态：肌肉是放松的，但意识则保持警惕性。注意力专家把这种放松戒备状态称为"最优刺激"状态，这时的你拥有最佳的注意力驱动。你受到足够的刺激，体内分泌出适量的肾上腺素，你觉得自己是积极的、自信的、注意力集中的。想想你正在做真正喜欢的事情：在看一本引人入胜的小说，或者去心仪已久的地方旅游。你会感到思路清晰和全心投入。在这种状态下保持注意力集中是轻而易举的（参见表1-1）。

表 1-1　注意力与刺激的联系

	刺激水平		
	缺乏刺激	过度刺激	最佳刺激
刺激	过低	过高	恰到好处
肾上腺素	过低	过高	平衡
状态	无聊	过度兴奋	放松戒备
感受	冷漠 疲惫 被动 空洞 犹豫不决	兴奋 恐惧 压力 紧张 不安	自信 兴趣 行动 清晰 动力
注意力	低	低	最佳

说到我上次骑马那天，试想一下，如果其中有一位是经验丰富的骑手，让他按照教练的指导去做已经很娴熟的动作，如果没什么在他看来新鲜的内容，他很快就会感到无聊、缺乏动力，很难集中精神聆听教练的指导。而当时的我则恰好相反，我处于过度紧张的状态。我的肾上腺素正在大爆发，与此同时我的注意力被全部抹杀。不管是处于缺乏刺激还是过度刺激的状态下，你的注意力都难以集中。

当你处于恰当的刺激下，你的感觉是敏锐的，完全能够集中注意力。像那天我女儿或其他骑手一样，就很容易跟随教练的指导。他们高兴地骑着马，而不是处于恐惧或瘫软的状态。他们在认真聆听教练的指示，不像当时头昏脑涨的我。他们在放松戒备的状态下，可以集中注意力听从指导，驾驭自己的坐骑，并欣赏太平洋海岸的美丽风景。拥有良好的注意力会让你受益匪浅。

倒 U 形曲线

要理解注意力和刺激之间的关系,可以简单地画一个山形或者一个倒 U 形曲线。垂直的 Y 轴代表注意力,从上到下代表注意力由好到坏。水平的 X 轴代表受到的刺激水平,从左至右表明受刺激程度由低到高(参见图 1-1)。

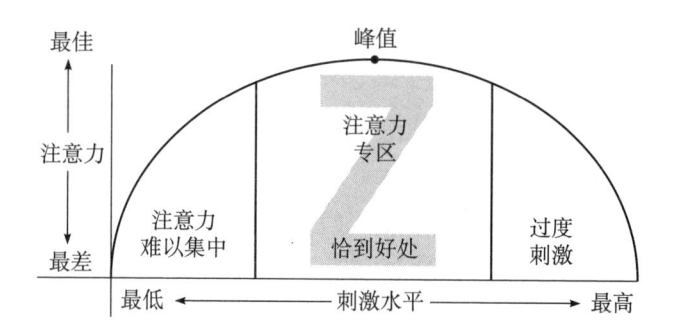

图 1-1 你的注意力专区在倒 U 形曲线中的位置

曲线的左端代表缺乏刺激,而曲线的右端则是过度刺激。在曲线的两端,是处于缺乏刺激和过度刺激的状态,这时候的注意力水平都是很低的。在曲线的中部,受到的刺激程度恰到好处,而注意力则处于最佳状态。这就是你的注意力专区。

当处于注意力专区的时候也就是受到足够和稳定的刺激时,你会感觉很好。处在这样的身心放松戒备状态中,你会觉得做事很有效率,有足够的力气把事情完成。你会认真地倾听,保持注意力集中,有效地做事,做出正确的决定,并最终完成你的任务。

这个倒置的 U 形起源于 20 世纪的心理学词汇。在耶基斯博士(Robert M. Yerkes)和多德森博士(John D. Dodson)于 1908 年提出的耶基斯-多德森定律（Yerkes-Dodson law）中，倒U形曲线被用来阐释一系列的实验结果。该定律指出，绩效（或注意力）随着觉醒（或刺激）的增强而提高，但只能达到某一最高点。过了这个峰值后，随着刺激的增强，你的绩效不仅不会提高，反而会降低。

尽管过去了很多年，倒U形曲线仍然是用来阐释生物心理学和神经系统发现的统一法则。研究已证实并扩展了这一经典曲线，使其包括了更多复杂变量。倒U形曲线在运动心理学中是重点讲授的内容，而且被世界一流的运动员作为模型来练习如何控制注意力。

倒U形曲线的横轴代表受到刺激的程度，有时候也表现为动力、紧张、动机、肾上腺素的分泌水平，或生理上受到的刺激。代表注意力的纵轴，有时候表现为选择性注意力、集中、专注、智力表现，或做事效率。曲线的中心范围即你的注意力专区，也被称为最佳表现范围，或被称作个人最佳功能区（individual zone of optimal functioning，IZOF）[①]。

倒U形曲线的顶端，也就是最中心的部分代表了最高峰值。你越接近这个峰值，也就越接近受到刺激并保持注意力的最佳状态。许多运动员早就把这种状态称为"最佳表现"（peak performance）。专家有创意地称之为"心流"（flow），即一种有意识的可改变的状态。这个词是由心理学家米哈里·契克森米哈赖（Mihaly Csikszentmihalyi）博士发明的，他曾经收集过拥有高度注意力的人群的成百上千个相关数据，有的是登山运动员，而有的是国际象棋选手。"心流"这个词完全描述了当他们投身于高度自我控制、目标明确、有意义的活动时的状态。契克森米哈赖博士进一步解释，当你完全沉浸于正在做的事情时，

[①] 个人最佳功能区理论是由苏联学者汉宁（Hanin）在20世纪80年代提出的：在运动技能高度自动化的条件下，正确认知运动员各自的最佳功能区是进行有效心理调控的基础。——译者注

时间好像都暂停了。艺术家和发明家都努力想达到"心流"状态,也就是处于巅峰的放松戒备状态。

可以达到巅峰状态的、不被分散的注意力是最理想的,但是在纷繁复杂的工作环境中是很难实现的,你会时不时地因为这事或者那事而分神。所幸的是,你不必达到巅峰状态才算进入自己的注意力专区。只要你能达到曲线的中心范围的任何地方,你的注意力就是集中的,做事情就是富有成效的。

进入自己的注意力专区,保持注意力集中,也有不同的水平。有时你会更接近倒U形曲线中部的巅峰状态,而有时你会感觉更接近于倒U形曲线的两端——缺乏或过度刺激的状态。

缺乏刺激或过度刺激也有程度的区别。你会感到有点无聊或难以忍受的无聊,也会感觉有点兴奋或过度兴奋。但是如果你处于注意力专区外,那么就会遇到麻烦。你是否曾经在开会或听讲座的时候走神?当然,你没有陷入完全走神,还是在听着会议或讲座的大概内容,但是你很可能错过了一些细节,并且因此受到困扰,因为你不知道这些错过的细节对你来说是否重要。

温和的过度刺激也会导致问题。你是否在考试的时候感到紧张?紧张导致你注意力不集中,很可能影响了你的发挥,从而导致考试成绩不佳。尽管你没有不及格,但你会觉得沮丧,因为自己已经很努力地学习,而且答案就在头脑中的某个地方。如果保持注意力集中,你很可能做得更好。

处于注意力专区

当谈到提高注意力,注意力专区就是我们要关注的地方。当我们处于这区域的时候,感觉的确很棒。想想上次做你真正喜欢的事情:可能是你的业余爱好,或喜欢的运动等。你可能正在寻找自己喜欢的话题,整理电脑中的乐曲,或跟好友聊天。当全身心投入地去做某事的时候,还记得你当时的感觉是什么吗?轻松的,充满活力的?你可能还可以回忆起那种令人舒适的感觉,你做的事情都是有计划、有意义和积极的。也许你曾经暗想,"要是总这样就好了"。

其实大部分的时间你都可以做到感觉很棒。只要通过训练,你能够学会如何将注意力保持在倒 U 形曲线的中部。像接受心理调节技巧训练的奥运健儿一样,你可以自主地选择是否集中你的注意力。不管是要完成一些确实无聊的工作,还是要面临人生中的某个生死攸关的紧张时刻,你都能应对自如。顶级运动员通过训练可以达到巅峰状态,你也可以做到。

了解过度刺激

首先,让我们仔细研究一下何时你会过度兴奋。大部分人认为肾上腺素急速分泌的时候,会有一种幸福愉悦的快感,跟坐过山车一样。人们花钱买票坐过山车,因为它能带来欢乐。我们认为这种状态是希望达到的理想状态。

过度刺激指的则是当大量的肾上腺素分泌后,你的大脑和身体通常处于一种非理想状态。你的心跳加快,并且你的注意力完全无法集中,也无法只停顿在同一个地方。这跟坐过山车可不一样。尽管坐过山车的时候你会尖叫,但仍然是愉悦的,因为你知道自己是安全的,这只是个游戏,你并不是真的坐在一列脱轨掉下悬崖的火车上。

通常处于过度刺激状态时,你就不再有恐惧的感觉了。不管有没有帮助，你的恐惧感已经触动了头脑中的急性应激反应（fight-or-flight response）①。尽管知道快乐就在面前，你是否曾经有过在轮到你踏上过山车的一刹那想要逃跑的念头？如果有，那就是肾上腺素分泌过多刺激了你逃离的冲动。

当处于其他生存恐惧中时，掌管"生存"的脑区会分泌大量的肾上腺素，因为它认定你现在需要战斗。在准备与老板摊牌谈判的时候，你想到可能会失去现有的地位或金钱，掌管"生存"的脑区已经对这样的威胁采取应对措施，就好比必须击退攻击你的野兽一样。肾上腺素的分泌增强了你的体力，还加快了你的应激反应速度。

如果你的思想、言论或行动中存在着急性应激反应迹象，就表明你逐渐进入了过度刺激的状态。斗争迹象一般包括暴躁、争论不休、过度地责备他人或过分自责。逃避迹象总是表现为担心、焦虑、反复琢磨等，尽管这样的情感和逃跑的冲动之间的联系可能不那么显而易见。只有你的大脑希望你离开，但是你却处在工作中，或被困在交通堵塞中而无法脱身的时候，这些感受才会发挥作用。尽管你没能意识到，但是一个身体被困住、无法脱身的人唯一能做的就是浮想联翩了。你的思想已经脱离了现实，与分泌出的肾上腺素一起自由地畅想，想象自己的过去和未来，甚至会设想错误和恐惧。

不同的活动，不同的注意力专区

每一项活动都有自己的注意力专区，换句话说，就是最优肾上腺素驱动状态。与橄榄球比赛中运动员底线开球相比，你坐下来写季度

---

① 又称急性心因性反应，是指由于遭受到急剧、严重的心理社会应激因素刺激后，在数分钟或数小时之内所产生的短暂的心理异常。——译者注

销售报告所需的肾上腺素要少得多。一般而言，体力活动需要更多的肾上腺素，赋予身体一定能力去做体力上的反抗或逃离。相反，脑力活动则需要较少的肾上腺素，因为肾上腺素是通过加速血液流动，从而给予身体更多的能量。对于脑力活动来说，大脑已经拥有了足够的血流量。

在运动心理学中，每种运动需要的注意力水平取决于该项目要求的体力与心理技能的比例。例如拳击运动，要求力量和威力，所以拳击运动达到巅峰状态需要很高的肾上腺素分泌水平。网球或高尔夫球运动需要注意力高度集中，因而运动员在最佳状态下分泌的肾上腺素比拳击运动员要低得多。用运动心理学术语来说，倒U形曲线中，拳击需要的觉醒程度远远超过网球或高尔夫球所需要的觉醒程度。对所有运动员来说，在比赛中必须要保持自己的注意力集中，但是不同的运动项目决定了所需的注意力水平不同。

在你日常的生活当中，注意力水平取决于你所做的事情和做事情的强度，即所要求的你的肾上腺素分泌程度。信息时代的绝大部分工作是脑力活动。比如收集数据、整理表格、撰写报告、电话会议、编写电脑程序等，都是脑力活儿而不是体力活儿。当你坐在你的办公桌或电脑前，你只需要分泌较少的肾上腺素就可以完成手头的工作了。而一名建筑工人则不然，因为他的工作大部分是举重、挖掘和锤击等体力劳动，需要分泌较多的肾上腺素才能完成工作。

每天你都要做不同的事情，要让自己保持在注意力专区的话，你需要的肾上腺素分泌水平也会相应地变化。如果你正在召开销售会议，你更加关注的是动态的画面和听众的热情，这时候你对细节反而可能不是那么关注。但是如果你在审查合同条款，情况则正好相反，你更需要关注的是细节。而有的时候，你需要在两种情况间迅速地切换。

如果你正在当众做陈述报告,你的声音需要充满热情。但如果是在陈述结束后的问答环节,你就要认真地聆听、准确地记忆并简洁地回答。

你是否有过这样的经历:当有人说了一些有点冒犯或质疑你的话,你当时就感到这些话是对自己的威胁或挑衅?那时的你不能给出一个精辟的回答,甚至可能觉得脑子有点不听使唤了。这是因为,肾上腺素的迅速分泌让你处于一种超级警戒状态。等后来你放松的时候,你突然想起刚才原本应该回答的内容。这是因为你回到了放松戒备状态。你重返了你的注意力专区。

控制注意力的两个步骤

当你不处于注意力专区的时候,不管发生什么事情,你的肾上腺素分泌水平都是不适宜的。不处于注意力专区的你,大脑充斥着过量的或者是较少的肾上腺素,在这样的状态下,你很难顺利完成自己的任务。

不过,你可以自由决定自己何时处于注意力专区。就像一个优秀运动员一样,你可以进入或者离开你的注意力专区。你可以通过你的思想、感情和行动来改变你的肾上腺素分泌水平。

还记得那个先有蛋还是先有鸡的循环吗?很难判断谁是根本的影响因素,是刺激太多还是过多的肾上腺素分泌。这的确是个怪圈,但是你可以打破这种相互影响的循环。利用优秀运动员使用的心理调节技巧,你可以增加或减少需要的刺激,调整你的肾上腺素分泌水平。你可以回到放松戒备状态,可以自由控制自己的注意力专区。

想想那些需要平衡的运动,如溜冰、滑雪、骑自行车等,在速度极缓或极快的时候，你觉得自己处于失控的状态。想要重新自我控制，需要两个步骤：首先，你必须认识到你已经失去了控制。其次，你需要加速或减慢来重新恢复平衡。

当你觉得心烦意乱、无聊或受到挑衅的时候，恢复你的注意力也需要两个步骤。首先，你必须认识到你现在不在自己的注意力专区。其次，你需要运用一定技巧或策略重新返回注意力专区，有很多方法可以做到这一点。在第二部分中，你将学到应对每天所面临情形的关键方法。

恢复的注意力

第一步——停下来并注意到你不在自己的注意力专区了。

第二步——选择一种方法，让自己恢复或平静下来。

八串钥匙能让你有效地做到以上两步。

多重任务到底是好还是坏？

在当今世界，我们都任务繁重。当你阅读至此的时候，很可能你还吃着零食，听着音乐，或者在飞机上。而我们的难题是：多重任务到底是节约了还是浪费了时间？

倒 U 形曲线解决了这一问题。如果你动力不足，多重任务则是件好事，因为多一项额外的活动就增加了刺激，让你重返注意力专区。比方说，你在捣弄一些代码的时候思想开始开小差。你发觉自己开始感到无聊，所以打开电脑下载一些摇滚乐 MV，不时地看上几眼，好继续自己的工作，这新增加的刺激就可以让你重返注意力专区。

如果你处于曲线的右端，你的脑子已经在超速运转，那么多重任务只能使事情变得更糟。比方说，你正赶在项目的最后期限前完成它。小组其他成员不断来电，发来电子邮件或即时信息，甚至有人走到你的办公桌前打断你的工作。你的思维在竞赛，如果你情不自禁地下载一些摇滚乐MV，增加的刺激肯定会影响你的工作业绩和工作效率。

也可能出现这样的情形：你正在捣弄计算机代码，你感到厌倦，便下载了一首摇滚乐MV，但是它太吸引人了，你甚至停下忙碌的工作专注地观看它。如果是这样，你则过度增加了刺激。新的问题代替了原有的问题：现在你陷入了拖延，注意力从曲线的左端转向右端。

MV结束后，你还是感到兴奋不已，但你需要重新进入工作状态。你努力想重新投入工作，但是跟观看MV之前相比，捣鼓代码的工作显得更加无聊。你开始重新工作了，但又忍不住聊天或者查收电子邮件。多重任务让你不那么疲倦了。但副作用是你不再那么用心地工作了。你沉浸在查收笑话邮件并将其转发给朋友们分享的过程中，直到你猛然看时钟，才突然意识到已经浪费了大好的时光。你不得不再次强迫自己重新投入到手头的工作中去。跟刚才相比，手里的工作更加无聊了。于是你继续浏览有趣的邮件，检查更新的RSS新闻链接或流连于你钟爱的社交媒体。这样，原本可以一小时完成的工作，你竟然用了半天还没有完成。

需留神的多重任务

应对多重任务的关键就是要有策略地运用它。这是一个挑战，因为在面对刺激的时候，你很难不受影响。在第三章中你会了解到更多的内容，因为不管对我们有利与否，我们的大脑总是偏爱令人兴奋的刺激。

以使用手机为例。大约 75% 的司机承认会一边开车一边使用手机。然而，有研究显示，边通话边开车的司机更容易发生交通意外，面对交通信号时的反应速度比没有使用手机的时候要慢得多。这样的现象被专家称为"注意力不集中失明"，当我们的注意力不完整时，我们会错过重要信号。因为我们的刺激中心同时兼顾通话和开车，所以不容易让我们觉察到即将发生的危险。

　　这是否意味着你不应该在驾车时使用手机？在现在的社会中，这几乎是不太可能的事情。通常的做法是随时都想着倒 U 形曲线，意识到在何种情况下增加更多刺激会有怎样的影响。在每种情况下，你都应该问问自己应该怎么做，好让自己保持在注意力专区内。

　　需留神的多重任务是改变状态的钥匙串中的钥匙之一，你会在第五章中学到。这是让你有意识地检查自己的状态，确定自己的注意力专区在每种新的情况下是否需要调整。新的情况是指在你的车里，在办公室里，跟你的家人在一起时，或跟朋友、同事在一起时。在每一种情况下都需要有自己的判断。有时你会选择多重任务，而有时候不会。留神多重任务，你就不会自动回电话，或回应其他的外界干扰，你会在理智和有策略的基础上，巧妙地做出自己的选择。

心情应该高涨还是应该平静下来？

　　发现自己的注意力专区可不是一件容易的事情。因为不仅这一区域会随着活动的不同而改变，而且也存在着个体的差异。你的性格、生理条件、思维方式和年龄、经验等都是重要的影响因素。你可能无法一边打电话，一边收发电子邮件，还时不时跟别人在网上聊天。但是你的孩子可能是可以做到的。在课堂上，有的学生很容易受到外界的影响：翻书的声音、椅子移动的声音、同学们的窃窃私语。有的则不会受到影响。

正如我们都有不同的面孔和不同的指纹，我们每个人也会分泌出不同的化学物质。你的肾上腺素的分泌水平是独一无二的。你的肾上腺素的代谢程度决定了你同刺激区域的关系，每个人都有自己独特的注意力专区。

正如你阅读本书的时候，你会更加容易地认识到自己是否处于注意力专区，以及如何保持最佳状态。有的时候，你好像是因为疲惫不堪，但深层次问题是你分泌了太多的肾上腺素。拖延就是一个很好的例子。

比方说，你推迟理清自己的财务状况，或者推迟获取那些与自己做出健康方面决定相关的信息。表面上看起来，你只是不想坐下来着手进行这种毫无刺激感的事情。但内心深处你是害怕的。你害怕要面临不知道数目的债务，或者害怕将会面临一个具有危险性的手术。这是肾上腺素过度分泌带来的恐惧，这时你还没有机会体会到即将开始的事情是无聊的。在你着手进行下一步之前，你需要冷静地处理自己的恐惧，并重新返回自己的注意力专区。

许多家长跟我说，他们在辅导孩子做功课的时候总是容易莫名其妙地发火。因为他们越努力试图让他们的孩子坐下来和集中精力，越适得其反，孩子们则跟他们争吵，感到不安。为了让自己的孩子就范，他们会威胁、教训或取消孩子的某些特权。但是，这样做并不能让孩子乖乖听话，结果反而更加糟糕。

孩子跟父母争论，焦躁不安，或干脆走掉，表明他们想反抗或逃离，因为孩子在潜意识里是担心的。而他们外在的表现则是无聊或蔑视父母。但是，在内心深处，也许孩子本人没有意识到，他是在害怕自己不会做功课，犯错误，或者做得比同学差。孩子分泌了过多的肾上腺素。父母对孩子的威胁只会使孩子分泌出更多的肾上腺素，从而离开注意力专区，孩子会感到不堪重负，从而导致教育效果适得其反。

　　记得那次骑马，当返回时，我已经吓得僵在马鞍上，几乎魂飞魄散了。如果当时有人大喊让我集中精神骑马，我很可能会委屈得直掉眼泪。当时的我需要做的是：降低自己的肾上腺素分泌水平，以便集中精神。我只能慢慢让自己的情绪稳定下来，直到我放松，才能重新返回自己的注意力专区。

第二章
无聊，兴奋，还是两者都是？

> 当一名球员认识到学习专注比练习反手更有价值时，他已经成功地由业余选手转化为专业选手了。这样一来，他练习网球是为了提高自己的注意力，而不是为了更好地打球才提高注意力。
>
> ——提摩西·加尔韦（W. Timothy Gallwey）

一部畅销书《网球里的秘密》教网球选手取胜的秘诀，就是在场内保持专注力：释放压力，尽量放松。加尔韦认为自我批评是在球场上影响发挥的头号敌人："我本应该赢得刚才那一分的"，"我本应加快步伐"，"反手的时候，要是我把球拍放低点就好了"。这些"本应该"使你从注意力专区滑向了倒U形曲线的两端。在一端，它们所造成的紧张局势使你感到担心和焦虑。在另一端，比赛的乐趣被剥夺了，你只会感到无聊和动力不足。

在如今的世界里，我们每个人都有自己的一套"本应该"："我本应该做得更快，做更多的工作"，"我本应该赚比现在更多的钱"，"我本应该结束交易，打个电话，出售这只股票"等。如网球比赛一样，这些"本应该"带来的不仅是紧张和无聊，还使你偏离注意力专区。

当你过多地鞭策自己的时候，情绪随之波动，你陷入过分的自责，情绪低落，逐渐地就偏离了自己的注意力专区。为了停止自责，你就更努力地控制自己的情绪，你的情绪好像溜溜球一样，在注意力曲线两端来回摇摆，纵使你在注意力专区中曾经停留过，但是停留时间却很短。

注意力波动是数字时代的分心症的表现，但每个人的情况都不尽相同。虽然大多数人在注意力专区摇摆，但有些人更容易向倒 U 形曲线的一端倾斜。还记得引言中的三个自查清单吗？你知道自己到底是偏向于哪种状态吗？是注意力总不集中，容易分神，还是总是过分集中或过分地关注重点？

在这一章中，你会看到有关乔、梅格和托德的故事，这些都是我根据真实的个案加以演绎得来的。乔的注意力总是容易分散，而梅格是注意力过于分散，托德则是反应过快和过分集中。

你的情况可能会与他们有些重合，但是由于个体差异，你肯定还有自己的一些问题。尽管我们是不同的个体，但是从他人身上可以看出自己身上的问题。

注意力摇摆让你偏离注意力专区

乔是一个供职于小型 IT 公司的出色工程师。他可以帮你解决相当棘手的 IT 难题，但前提是他那会儿一定在状态。乔的问题是他很难真正开始一项工作，比如说早晨，他就是无法集中精力。他总是陷入思想游离的状态，要么去给自己冲杯咖啡，要么回到座位上浏览网页，

第二章　无聊，兴奋，还是两者都是？

直到他可以集中精力开始工作。但是这时候差不多就是午餐的时间了，到了下午，他还是会继续游离的状态，下午的大部分时间也就这样被白白地浪费掉了。

然而，要是工作中遇到了困难或是接受了一个富有挑战的项目，乔马上就变得生机勃勃。比如说某种电脑病毒造成了某公司的服务器崩溃，乔奋力工作了一夜，最终恢复了服务器。但从那以后，乔迷上了破解病毒代码，不顾手头正在忙的其他工作，而继续钻研如何破解病毒。

开会的时候，乔总是不停地在检查有无新的手机消息和邮件，所以不能对正在讨论的议题全心投入。其实如果他认真的话，他的想法对公司还是很有帮助的。尽管他对公司有一定的贡献，但是他的绩效评估总不太理想。

回到家里，乔遇到的问题似乎与在办公室正好相反，他总是容易开始一件新的事情，但是之前的事情还没有完成呢。他的电脑桌上已经堆满了文件和光盘，但他仍在安装家庭娱乐影音系统。还比如早在几年前，他就答应给家人和朋友打印照片，但是到现在照片还不见踪影。不管是他妻子叫他吃饭还是孩子们让他辅导作业，他总是沉溺在上网和打电脑游戏中，这占用了他很多时间，这也是为什么每天晚上他总是最后一个上床休息的人。

乔说，除非有足够长的时间，否则他没空整理自己的电脑桌；安装家庭娱乐影音系统前，他还得在网上搜寻更多的相关资料；只有整理了电脑桌后，他才有时间为朋友们打印照片。在一个普通的星期六上午，在乔看来，他要做的事情很多，但他感到不知所措，不知应该从哪里开始。他希望得到一些最新的多媒体软件，好安装完成他的家庭娱乐影音系统，他可不敢跟自己的妻子明说。

缺乏或者过度刺激

乔是今天数字时代中典型的注意力难以集中的个体。在每天工作开始的几个小时里，他处于倒 U 形曲线的左端，总觉得工作是那么无聊，让他提不起精神。当他面临一个有挑战性的项目，比如解决计算机病毒的威胁时，他的肾上腺素激增，激励他回到注意力专区。但遗憾的是，乔没有稳定地停留在那里，他转向了过度刺激的状态，这样就无法回到正常的工作中去。

开会的时候，乔在注意力专区的左右两侧来回摆动。在无聊的讨论中，他频繁地查收邮件和手机消息，然后觉得会议更加无聊，难以参与会议的讨论。

在家的时候，当乔感到无聊，他便开始了新的事项。肾上腺素增加使得他的新鲜感保持了一会儿后就荡然无存，很快他又感到无聊了。于是他又开始寻找新的事项来做，这样他很少能感受到工作完成时的那种满足，因为他总是开始一个又一个的事项，但从来不能完成任何一个。由于很少停留在自己的注意力专区，乔总是犹豫不决并怀疑自己的能力。他总是渴望用开始一个新事项来逃避他的苦闷和彷徨。

习惯熬夜也是乔注意力难以集中的原因之一。乔总是喜欢工作到深夜直至获得刺激的感觉。那时候，他体验到存在感和自由，没有人对他指手画脚。但是，缺乏睡眠使得乔在转天早晨迎接每一个新挑战的时候，总是处于倒 U 形曲线的左端。为了在白天保持精神，乔喝咖啡，或者吃些甜品，但这些仅仅让他处于亢奋状态。尽管这样，乔仍能保持精神完成他的工作，同时他也付出了代价。当咖啡因和糖的兴奋作用消失后，下午的他又回到了缺乏刺激的无聊状态。这样乔就在自己的注意力专区左侧和右侧之间来回摆动了一整天，而咖啡因和糖正是使他摆动的兴奋剂。

过度刺激只能让你反应过快

过度刺激在不同时间里的表现方式是不同的，乔就是一个很好的例子。在家时，星期六上午乔常常受到过度刺激，他有太多的心思和太多想做的事情。此时肾上腺素产生了很大的推动作用，但他浪费掉了，只是不停地从一个事项跳跃到另一个事项。如果这时你跟乔聊天，他会告诉你他未来要做更多事情的计划。虽然想法丰富、脑筋灵活是他的一种宝贵的资产，但乔只停留在想法阶段，难以真正地开始一个事项。

我选择"反应过快"这个词是想说明这样的情况是极端的、无用的和低效的。虽然反应过快听起来似乎非常好：一种完成工作的超能力，但是太多的反应过快是难以持久的、是对肾上腺素的浪费。你可以强迫自己坚持一个事项，你的肾上腺素迅速迸发，但这种状态难以持久，最终你还是难以完成工作。

过度刺激会让你的注意力过分集中

深夜，当乔过度亢奋的时候，或当他开始了一个新的事项时，乔以不同的方式获得"反应过快"的能力。肾上腺素的高度分泌使得他忽视了其他方面。他正热火朝天地干着手头的事情，而看不到工作的全局。仅上网浏览或者玩电脑游戏，就使乔忘记了时间，忘记了睡觉和他对家人的承诺。工作时，他开始一个新的事项，却忽略了日常的工作责任。

同样，我使用术语"过度亢奋"，因为注意力集中是一种有用的技能和一种理想的状态。但是，过度刺激和过度亢奋就超越了良好的程度。除非自己跳出，否则你不能进入下一个阶段。在这种具有限制性的过度刺激状态下，乔仅仅看到一个方面，他迷失了全局，最后只能导致注意力的迷失。

过分集中不是最佳状态

当乔上网浏览或玩游戏的时候，看起来他好像是全神贯注的。他是如此专注于他所从事的事情，好像处于倒 U 形曲线的峰值。

在很多方面，过度集中看起来是最佳状态：全部的注意力、深度参与、忘记了时间。但是，关键的区别是紧张的程度。当你处于最佳状态的时候，你仍然是放松的。

在极端的过度集中状态下，肾上腺素的分泌是停滞的。注意力的强度导致你进入一个狭窄的领域，夺取你的选择自由。你死死抓住正在干的事情，并开始瞧不起你以前中意的其他活动，甚至是那些你通常喜欢的活动。这种上瘾的感觉不仅仅表现在表面状态上。

最佳状态是你注意力专区的顶点，是一种放松戒备的状态。契克森米哈赖把它描述为一个平静状态的平衡与快乐，其特点是开放性、灵活性和思想的自由性。参见表 2-1。

表 2-1 过分集中与"心流"的对比

	过分集中	心流
状态	紧张	放松
接受错误	否	是
可持续性	否	是

所以，当乔晚上端坐在电脑前，如何判断他是被困在一种应该引起高度重视的过分集中的状况中，还是正享受轻松的最佳状态？方法

之一是看他对沮丧的反应：如果发现他能够接受错误和挫折，他可能在享受轻松的最佳状态；但如果发现他因为刚才没玩好游戏而使劲拍打着键盘，那他就处于过度集中状态。

另一种方法是看乔面对打扰如何做出反应。当处于注意力专区时，你肯定不想被打断，但如果是合情合理的，你会平静地接受。乔没有理由地冲家人大吼大叫，以便让他们离开，让他一个人待会儿。这就是他分泌了过多肾上腺素的一个标志，是过分集中的结果。但如果乔可以轻松地结束游戏，而不是一副气急败坏的样子，就表明刚才的他处于自己的注意力专区。

分散和迷乱让你偏离注意力专区

梅格是一名自由职业的图形设计师。她有着独特的设计风格和对颜色的独到运用，但她总是难以在规定期限内完成工作。虽然收入颇丰，但她经常因为超过了最后期限而被迫支付违约金。由于很难赶上工期，她失去不少喜欢她设计的作品的客户。

大多数的图形设计师用电脑来记录自己的业务时间。他们会记下何时开工，何时开具发票，何时支付账单。梅格知道如何使用 EXCEL 电子文档来管理她的工作，但是她就是不想，也懒得去用。

梅格住在市中心的公寓。由于家里很乱，她很少有客人到访。作为一个艺术家，她感到沮丧，因为好像其他人不尊重她的审美情感。她的生活与房间充满了混乱：很多手绘的草图和散乱在房间中的杂志；她的衣橱和抽屉里总是乱糟糟的，尽管可能她昨天才整理过。

梅格有很多朋友，而且她喜欢帮助别人。每次她想收拾房间的时候，她的朋友打电话过来请求她帮忙，她总是高兴地应允下来，因为这让她感觉自己是被需要的，而且自己的屋子总是有时间以后再整理。

像乔和所有其他在数字时代注意力不集中的人一样，梅格也难以保持注意力集中。有时，她沉溺于新的设计，她将自己与世隔绝，不回应访客，不接电话或不回电子邮件。只有当她完成工作后，她才会与朋友外出，或逗留在网上的聊天室里直到天亮。尽管梅格有一些注意力波动，大部分时间里，她都处于倒U形曲线的左端。

在完成一项创作后，梅格对其他一些必要的辅助工作如测量尺寸、对打印情况做出详细说明等感到很无聊。她的肾上腺素分泌量很低，对于枯燥的如写单据和开发票之类的事情，根本提不起精神。这些无聊的琐事堆积如山，像阴影一样萦绕在她脑子里。虽然梅格想法丰富，足智多谋，但她没有将任务规范化，最后这些事情越拖越久，超过了规定期限。因为经常拖后，梅格经常对客户表示歉意和支付违约金，但她对自己的拖延已经毫无愧疚感了。

帮助朋友让梅格感到是对亏欠了朋友的一种弥补。当她去帮助朋友时，梅格的肾上腺素分泌活跃起来，使得她重新恢复到注意力专区。这就是为什么当朋友们打电话过来时，她就像干渴的人喝到水一样慢慢地滋润起来。梅格经常与朋友出门看电影、吃饭和去剧院。那时候她的情绪得到了疏解。但是，在梅格回家后，她的肾上腺素好像就不分泌了。她的注意力像她乱糟糟的柜子一样得不到整理，难以集中。

反应过快和过分集中让你偏离注意力专区

托德是一名年轻有为的财务人员，以他的年纪做到这个级别可不简单。他雄心勃勃地辛勤工作，专业能力也迅速提升。虽然有些人可能会称他为A型工作狂，但托德抗议道："你不知道什么是A型工作狂,除非你看到我爸爸。"托德的爸爸在办公室度过了大部分时间。除重大节日外,他很少在家吃饭。

由于托德与自己父亲的相处时间很少,他发誓自己不能成为那样的父亲。虽然托德负责管理数百万美元的资产,但他还是经常抽出时间与家人待在一起。

托德生活在加州,由于工作原因,总是和纽约人打交道。由于时差的原因,他每天总起得很早。每天早晨,托德把他的笔记本电脑放在早餐桌上,关注股票走势和即时新闻,他的家人跟他一起吃早餐。他自豪于自己在工作的时候,还能跟家人在一起,跟他不顾家的父亲可不一样。托德可以迅速转移他的注意力,从电脑屏幕回到餐桌上,但有时股票价格波动他就会完全沉浸于工作中。

在办公室里,当他手下的雇员跟他汇报时,他总是一边盯着邮件一边听取汇报。同事们都知道,当有一笔大单交易时,可不能有人挡着托德的道。

在学校里,托德的大女儿贝基被认为可能患有注意力缺乏障碍。当辅导员问她为什么没有认真听课时,她否认并坚持认为她没有走神。贝基说,她跟她爸爸一样,是可以同时处理多项任务的。光坐在教室里而没有干点其他事情,简直就是浪费时间。最近贝基没有被班上的其他女孩邀请去家里做客。托德的妻子注意到女儿对其他孩子颐指气使,学校辅导员怀疑贝基缺乏自信。

托德具有较高的肾上腺素分泌水平,他的父亲和他的女儿也是如此。托德做了很多工作,是一个熟练的多任务能手。但是,托德一旦开始他的工作,就径直跨越注意力专区,直接进入过度刺激的状态。他的注意力范围缩小了,他的同事和他的家庭因此付出了代价。

当谈到他的家人时,托德的意图是好的。但是,这并不意味着他的行动也是好的。当托德在早餐桌上忙着工作,他女儿的镜像神经元——也就是大脑的学习机制,无意识地模仿了托德。

在早餐桌上,每当一个紧急的问题出现时,托德就关注他的笔记本电脑。从他女儿的角度看,爸爸的注意力可能在任何时刻分散或转移。大多数孩子是性格坚韧的,可以接受在游乐场上其他孩子对自己的拒绝和忽视。但是在家里,孩子就很难接受父母对自己的忽视。

很自然地,孩子十分看重父亲对他们的关注程度。孩子在任何时候如果感到心目中最重要的人忽视了自己,则很容易在自己的生活中建立起强大的高于平均水平的心理防御系统。父亲无意的拒绝伤害了贝基开始萌芽的自尊。

除轻微的厌倦外,托德没有需要改变的理由。他能赚很多钱,而且总是有大生意可以做。他总是有要做出的决策。他手下的雇员可不愿意与他在工作上有直接冲突,即使意识到他的问题,也不会告诉他。他的女儿可能会模仿他,但托德认为她的问题和他没有任何的直接联系。作为一个成功人士,托德并不真的相信他的女儿是自卑的。参见图2-1。

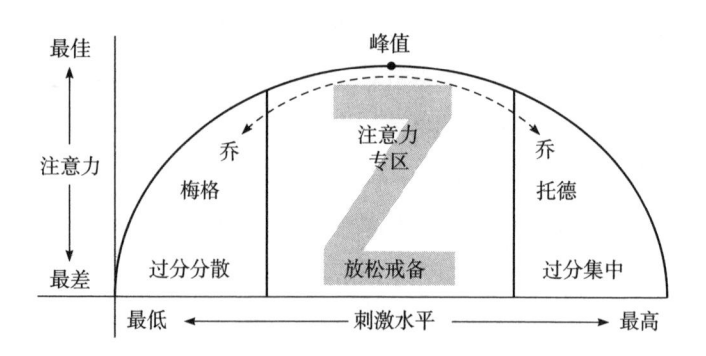

图2-1 乔、梅格和托德的倒U形曲线

第二章　无聊，兴奋，还是两者都是？

无聊还是过度兴奋？

你有没有注意到自己的情况？你的注意力是和乔一样在波动，还是和梅格一样分散，或是和托德一样过分集中？在如今的社会里，我们每个人都是乔、梅格和托德的情况的组合，我们都花费了大量时间却未能进入注意力专区。

为什么会这样呢？我们的注意力到底是怎么回事呢？第三章着眼于为什么我们的注意力会波动并处于倒U形曲线的两端。

第三章
数字时代的注意力

> 《纽约时报》周末版中包含了很多的信息,一期报纸的信息可能比 17 世纪的英格兰人这辈子获得的信息都多。
>
> ——理查德·乌曼(Richard Wurman)

数字时代的刺激改变了我们的注意力。要了解对我们和孩子们的影响,让我们先来了解一下人类的注意力。

人类的注意力主要有两种:选择性的和持续性的。选择性注意有的时候被称为过滤。持续性注意有时也被称为注意力浓度或注意广度。

选择性注意

我们正在被各种景象、声音和气味轰炸着,思想、冲动和感情冲进我们的大脑。先暂停一下,不要看书了,请抬起头来,考虑一下你现在受到的所有刺激,包括灯光,周围环境的噪声,你待会儿必须做的事情,回忆最近发生的事件。你是否需要接受所有的刺激?是否需要挠一下头，改变一下你的坐姿？这是你排除干扰，回到书本上来的自然行为。我们成功的原因是，我们把重点放在最重要的方面，并过滤掉了次要方面。这一指导我们认识相关刺激而忽视无关刺激的过程被称为选择性注意。

选择性注意的基础是快速认知，马尔科姆·格拉德威尔（Malcolm Gladwell）在他的畅销书《眨眼之间》（*Blink*）中首先提出这个概念。当你能够成功地只选择相关刺激时，你就可以更快速地思考。你有一个明显的优势。训练有素的鉴赏家可以在一秒钟内识别出赝品。前世界级职业网球运动员可以在球仍然在空中的时候预测对方球员即将失误。然而，正如格拉德威尔指出的，选择性注意一旦出错，结果是危险的。有经验的警察通常是根据犯罪嫌疑人恐惧和侵略的面部表情进行判断的。但是，在追逐嫌疑人，或当枪抵在了嫌疑人额头上的时候，过度兴奋使得他们往往忽略相关的线索。手无寸铁的男子可能被毒打或误杀，只因为肾上腺素分泌状态损害了警察的选择性注意。选择性注意是一项资产，但只有当你处于注意力专区时才能发挥作用。

持续性注意

注意力浓度，或注意广度，是指对特定的刺激保持较长时间的注意力。持续性注意是可以创造生产力的。因为我们需要集中精神，克服障碍，抵制长时间的诱惑，坚持挺过逆境，才能熟练自如地掌握某项技能。正如格拉德威尔所说，艺术领域的专家、职业网球选手、官员和警察需要训练多年，才能磨炼出他们的选择性注意。他们需要训练出长时间的持续性注意本领，来形成自己的选择性注意。

随着孩子的大脑成熟，注意广度也会提升。孩子的年龄每增加一岁，他的正常注意广度会延长 3~5 分钟。两岁的孩子应该能够保持至少 6 分钟的注意力，一名进入幼儿园的儿童应该能够集中至少 15 分钟的注意力。但是，孩子看电视或玩游戏的时间不能作为准确测量正常的注意广度的指标。

正常的注意广度指一个人在某项自主选择行为中可以保持集中的注意力的时间。但当你看电视保持较长时间时，并不能说你的注意广度很高（保持注意力的时间很长），因为看电视这个行为不是你主观上选择的、免于其他方式来控制你的大脑。电视机里快速闪过的画面和电子影像激活了人脑中有力的但也是经常被滥用的部分，那就是"定向反应"（OR）。[1]

"这是什么"反应

定向反应是我们的祖先内置于大脑中的安全装置。直到今天这个装置仍然是有用的，但有时这个功能让你很难保持注意力集中。下面，我们来了解一下"定向反应"装置是如何工作的。假设你是一个新石器时代的人，与你的同伴围坐在一起听着部落里的人讲故事。这时，你听到了身后的丛林中的声音。于是，你屏住呼吸仔细聆听：这是什么声音呢？响尾蛇的声音！注意到周围的声音，对新石器时代的人来说可是件好事情。

由于大脑总是倾向于关注新的迹象和声音，于是你此时关注的是

---

[1] 定向反应（orienting response）是指对新的刺激的注意反应。身体或身体的某一部分对刺激的反应方向是可以直接观察到的，但相应的生理过程，则只能通过监测的方法，如脑电波、肌电波、皮肤的电反射、心搏等的变化进行间接了解。如果重复相同的刺激，则可产生习惯现象，定向反应减少。另外，在巴甫洛夫的条件反射中，定向反应应被称为定向反射。——译者注

丛林中的沙沙声,而不再是别人讲的故事。如果新的迹象和声音的速度更快而且难以预测,那么定向反应相当强烈。你没想到会听到响尾蛇的声音,但是一旦你听到了它的声音,你的大脑会自动地判定哪个更重要并需要更多的注意力——是响尾蛇还是后面要听到的故事。

生理学家谢切诺夫于19世纪50年代第一次确定了定向反应,但70年以后巴甫洛夫才系统地研究它。根据巴甫洛夫的研究结果,对身体器官来说,如果有新奇的事情发生,大脑会停止正在做的事情,并"把传感部分转向刺激来源"。对于人类来说,反应的方式包括瞳孔扩张、皮肤电阻降低、心率的短暂下降。换句话说,我们的眼睛睁大,我们的皮肤更加敏感,而且被新奇事物所吸引。身体希望得到新的刺激,并在未来采取进一步处理措施。巴甫洛夫把这种"生存反应"称为"'这是什么'反应"。

定向反应的能力一直是数千年来猎人的财富。这种能力挽救了我们的祖先的生命,而且有时对如今的我们也同样有用——当你穿过繁忙的街道或在高速公路上驰骋的时候,能注意到周围的声音变化显然是有用的。然而在人们严重分心的社会中,如果任由定向反应发展,你会失去选择和保持自己的注意力的能力。

点击捕捉你的注意力

时间就是一切。如果谢切诺夫和巴甫洛夫今天还活着,他们会在麦迪逊大道[①]大赚一笔的。主流广告界可是研究定向反应的绝对专家。能捕捉到广告受众的定向反应就是广告界的顶级水平。广告界在美国

---

① "麦迪逊大道"常常被用作广告业的代名词。在20世纪20年代的繁荣时期,这条大道开始成为广告业中心。——译者注

拥有上千亿美元产值。

在《媒体素养评论》(*Media Literacy Review*)中开专栏的黛卡坦诺（Gloria DeGartano）[①] 曾提到过一个小实验：

在晚上昏黄的灯光下，以某个角度把你的头放置在电视机前（看电视机屏幕旁的任意一点），等待广告播出。然后，试着尽量不看电视机屏幕。但是你会发现，你根本不可能不看电视机屏幕。屏幕上快速变化的图像激活了大脑的"定向反应"……我们人类已经被设计好，那就是要观察在我们周围视野中突然发生的变化。这也是我们的生存法则。

广告总是有着快速闪动的画面，但是几乎所有的电视节目都会激发我们的定向反应。一般来说，电视节目的画面每 4 秒就会变化。这种持续的、重复的定向反应很自然地就提高了我们的肾上腺素分泌水平，而且从来没有给我们一个公平的机会去拒绝。本能的驱使让我们注意到周围的变化，偶尔提高的刺激水平使我们在注意力专区内保持警觉。但是一旦超过正常程度，受到过度刺激后，激增的肾上腺素将会把你推出注意力专区。

想想你以前坐在沙发上，看了太长时间电视的时候。当你终于关上电视机，你是不是觉得无精打采或心烦气躁？下次当你家里有人已经连续看了好几个小时的电视或玩了好几个小时电子游戏时，观察一下当他最终关上电视机或结束游戏的时候的情绪，是不是与平常相比有点烦躁不安？

习惯

如果你家总是习惯性地开着电视机，你可能不会看到电视节目结

[①] 黛卡坦诺，美国著名家长教育培训专家。——译者注

束后家人情绪的烦躁迹象。因为你家人的大脑可能已经建立了一个所谓的"习惯",是一种长期看电视而形成的轻微过度刺激适应状态。在这种情况下,如果你想体验因为看了过多的电视带来的后果,可以先去参加为期一周的野外露营,然后再看很长时间的电视,你就能感受到这种长期看电视后的烦躁不安情绪。

像咖啡一样,电视是一种兴奋剂,而且我们正在逐渐地习以为常。如果你一周没有喝咖啡,突然饮下一大杯咖啡就会让你的脑袋嗡嗡响。但是当你习惯每天喝上一杯,你会无法意识到已经逐渐地适应了咖啡。电视也是以同样的方式不知不觉地影响我们。

数字时代的分心

电视不是轰炸我们感官的唯一途径。不间断的媒体、无处不在的广告、新技术和互联网提供了源源不断的影像、声音、新闻等。我们的定向反应随时随地都有可能爆发,从繁忙街道上行驶的涂鸦巴士,到贴在新鲜农产品上的标识。我们理清无关信息的能力日渐退化,就像是一台被过多布头堵住的干洗机,我们原有的效率逐渐地降低。

早在印刷机被发明的时候,人类面对越来越多的信息就曾经有过不堪重负的抱怨。诗人雪莱在1821年曾感叹道,"我们的计算能力已经超过我们的概念,我们已经吞掉的,远远超过我们可以消化的"。《当老技术还是新的时》(*When Old Technologies Were New*)一书中,卡罗琳·马文(Carolyn Marvin)指出,"当电话进入人们的生活时,人们希望在公布自己电话号码的时候,标注上希望接到电话的时间段"。

我们已经经历过了印刷革命、工业革命,拥有了汽车、电话等。

我们应该适应这种技术革命所带来的信息爆炸，还是有什么好方法来应对？

在过去十年左右的时间，数据显示，过度的信息带来害处，即科学家们所称的"认知超载"，我们开始淹没在未经过滤的信息中。

认知超载

我的祖母籍贯是意大利，她曾给我讲过一个农夫拥有工作最勤奋的驴子的故事。农夫想知道，如果少喂驴子一半的饲料，驴子是否还继续努力工作。他减少了一半饲料，结果驴子还是一如既往地辛勤工作。农夫很高兴，于是继续减少驴子的饲料，饥饿的驴子还是继续工作。农夫继续减少饲料，然后我的祖母改变了她的语气，用农夫一样的惊讶的语调说："就当我成功地让驴子什么都不吃的时候，驴子死掉啦！"

虽然我的意大利语马马虎虎，但是还是领会了故事的大意。我记得有许多时候，我一直处于这样的情况，当我能做得更好的时候，我会抬高自己的目标，期望自己未来做得更好。技术的进步也是如此，当能获取到更多的信息时，我们就期望获取更多。正如工具让我们工作时更加有效率，我们会更多更积极地使用工具，好节约自己的时间和精力。电子邮件、即时信息、手机短信等让你有种一定要回复的压力。在这些先进技术占据我们的生活前，你是否曾想到会有这样打断你思路的东西存在？

跟那头毛驴一样，我们的大脑仅是一个物理结构，有一定的极限。太多的信息和太多的干扰破坏了它需要的时间和休息，使其难以复原。史蒂弗·罗宾斯（Stever Robbins）在哈佛"应用知识网站"（HBS Working Knowledge）中警告人们，"为了所谓的神速，你会不得不牺牺牲自己用于放松和休整的时间来弥补速度的不足"。跟毛驴一样,你可能会继续努力地工作。但是,如果没有补给,你会为此付出代价,因为你将会处于一种有害的过度兴奋状态,也就是所谓的认知超载。见图3-1。

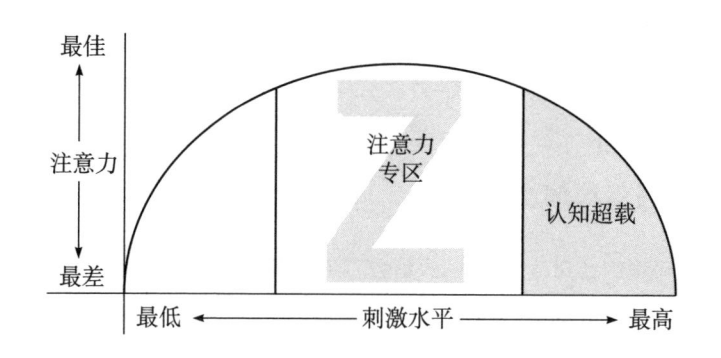

图3-1 认知超载位于倒U形曲线的右端

你要处理的信息太多以致不堪重负,每次你的思路被打断后,你面对的压力会逐渐地增大,因为你不得不重新载入原来要处理的信息。好像每次都重启你脑中的回路一样,你的大脑试图节约能源,那么代价就是你的注意力不集中,处理信息的速度放慢。有时候,由于过度运转,大脑可能会短路,使得你不能再集中精神对待要做的事情,你感到沮丧,可能会发脾气。这就是你远离自己的注意力专区的结果。

还记得上次你要在最后的期限内完成工作,周围还有其他纷繁的事情困扰着你的情形吗?结果是你还需要更多的时间来完成自己的工作,你感到力不从心,感到自己技不如人。逐渐地,你得占用自己的个人时间来完成工作,你的家人觉得被你忽视了。各种困扰不停,让你的工作效率更加低下,这时候的你就处于上文所说的认知超载状态。

当我们处于这种状态时,会感到不知所措,没有任何外援,我们的压力激增。我们的大脑意识到了危险，我们都知道毛驴的故事如何结束。我们分泌的肾上腺素水平太高以至于我们难以集中精力，不知所措。我们会在不堪重负地过滤信息和不断中断中导致认知超载。这种过度刺激的恶性循环会造成分心、判断力低下，以及人们的紧张关系。我们需要赶上我们的工作和休息周期。在第十章，你会知道压力下你可以进行控制的认知负荷。

比以往任何时候更加无聊

认知超载或过度刺激并不是数字时代特有的问题。无聊或没有刺激也是十分普遍的。理由如下：

几年前，当沃尔特·克朗凯特（Walter Gronkite）报道晚间新闻时，他是观众唯一的关注点，新闻内容由他口中缓缓道来。而现在呢？我们观看具有高度视觉效果和图形的新闻头条的同时，最新消息在整个屏幕底部滚动。自1965年以来，新闻的播报速度已经大大加快。如果现在按照克朗凯特的方式播报新闻，肯定让我们感到无聊乃至昏昏欲睡。

在克朗凯特的时代里，在电视上有关死刑的消息会让我们停下来，感到难过。但是如今主要媒体都有报道骇人听闻的暴力和死亡的消息。而现在如果在黄金时段播放的新闻里没有死亡的消息，那倒可以称得上是新闻了。在1998—2002年曾经有人分析了400小时的电视节目，结果发现频繁的死亡和暴力的消息几乎充斥着每一个节目时段。在1998年最常见的暴力形式是武术或者战争；2002年，则是枪支等武器。

几年前，性感就是一个女人穿了比较短的裙子或紧身牛仔裤。但是后来出现了比基尼、影视中的情色镜头和维多利亚的秘密内衣广告中几乎半裸的女人。我们对屏幕图像越来越无动于衷，对20年前本来具有高度挑逗性的巨幅广告牌则没有丝毫关注。

对于上一个年代的人来说，静静地坐着，耐心并安静地聆听是很平常的。今天，鼠标的点击速度等都加快了我们期望的生活节奏。正如小阿瑟·施莱辛格（Arthur Schlesinger, Jr.）指出，"电视已经影响了我们即时反应和刺激的习惯，任何事情都希望可以立即看到结果"。

典型的电视广告已经从60秒缩短到15秒，剧集之间的广告不会超过8分钟，有的间断仅仅是1分钟，因为我们对后续故事的注意力只有短暂的停留时间。

"每分钟的震动"是游戏开发者和广告商使用的衡量标准。一个"震动"指的是观看一个性感或暴力行为、汽车追逐镜头等产生瞬间的兴奋或大笑。这样的测量是通过在屏幕上的表现，捕捉你的定向反应。"震动"对于作者、生产者和销售商而言都是一种有用的工具。但是，利润丰厚的娱乐和广告行业以一种对定向反应的极端滥用，让我们习惯了每分钟的震动和"地震级强度"。随着媒体对关注度的竞争，它们不断增强每分钟"震动"频率，使你不感到无聊。逐渐地，当你处于倒U形曲线左端的时候，你需要受到强大的刺激。见图3-2。

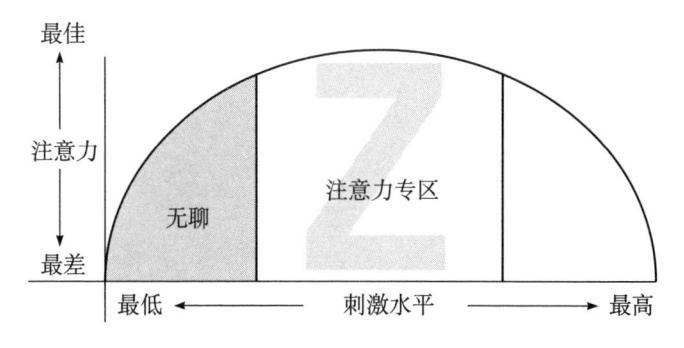

图3-2 倒U形曲线上"无聊"的区域

我们都渴望肾上腺素

在我们分泌的化学物质中,影响注意力波动的激素是肾上腺素。动作片、烟花爆竹、闪电、摇滚音乐、一个无聊的会议中收到的电子邮件……肾上腺素使我们感到我们还活着!我们有很好的理由寻求刺激。刺激使我们更聪明、更灵活,所以我们才能生存和发展。

受体细胞受到定向反应的刺激,做出响应。然后,我们需要更多相同的刺激,以期待达到原来的水平,若没有它,我们就会感到厌烦和不安。

由于适应性发生在大脑中,无法观察,因此我们必须小心不被愚弄。大脑会想出种种借口以获得更多肾上腺素,就像一个上瘾者否认自己上瘾一样。我们有一个隐藏的动机来阻止我们认识到自己越来越依赖过度刺激。我们总说"不是我",但实际上没有人能够幸免。不过每个人有不同的潜力;有的人大脑运转速度很快,超过了其他人。但对肾上腺素的适应是我们的生理机能的一部分——我们无法改变。

确定自己的底线或习惯,对于刺激来说可能是一件好事,也可能是一件坏事。一方面,习惯有时候是用来克服恐惧。你越是使自己面对它,你每次分泌的肾上腺素就越少。比方说,你害怕公开演讲。如果你经常参加演讲,每周至少两次,那每一次紧张的时间就会缩短。你的大脑已经习惯了面对观众的情景和声音。最有效的治疗恐惧症和焦虑症的方法是"暴露"疗法。只要你有系统地暴露自己的不合理恐惧,就能让你的大脑逐渐地习惯,直到它不再成为困扰你的问题。

另一方面,习惯可能是有害的。兴奋剂让你"爆发",但你要为此付出代价。太多的咖啡让你不安和失眠。看电视过多让你消极并失去潜意识。你必须做出合理的、明智的决定。但是，当大脑习惯过度兴奋的状态时，它会罢工，试图告诉你付出的代价是什么。这使你处于危险的状态，你在透支脑细胞。

习惯是自然形成而不自知的

作者兼注意力专家托姆·哈特曼（Thom Hartman）曾指出一个惊人的例子，当时他住在德国。在那里高速公路没有车速限制，哈特曼曾开到了每小时 110 英里，但他惊讶地发现，还有车以每小时 150 英里的速度超过了他。但是，在下一段约 20 英里长的公路上，限速每小时 100 千米（约每小时 60 英里）。用哈特曼的话来说：

> 当时的确是难以忍受的。我觉得自己被困、不耐烦、手忙脚乱，只能以每小时 60 英里的速度行驶，希望赶紧开过这段公路，好重新体验高速自由驾驶的感觉。

在限速的路段，哈特曼感到驾驶的无聊，实际上这条公路允许的行驶速度远远高于其他限速道路。

在现实世界中的无聊

每个教师都知道，如今无聊已经成为流行病。教师面临着一个几乎无法逾越的挑战：与 24 小时不停歇的媒体、电子游戏和互联网相比，他们的授课行为可不那么容易让孩子们兴奋。

孩子们也由于不断受到刺激而发挥出色，然后由于过度刺激而害怕失败，因为他们无法使自己集中注意力以取得好成绩。他们的注意力很容易从倒 U 形曲线的一端波动到另一端。

我们每天都在与无聊斗争。我们对自己的生活感到厌倦，因为每天的现实并没有带来"好莱坞电影中的现实"。我们感到焦躁、不耐烦,并希望我们每天都能以每小时 110 英里的速度驰骋。电脑中的虚拟世界似乎更加衬托出现实世界的沉闷。在现实世界中的晚上 10 点钟,你和我都更希望解决一宗凶杀案,飞往巴黎,或亲吻一个超级明星,而不是在家叠洗好的衣服。

理解为什么无聊是我们特有的文化,这可以帮助我们击败它。在第四章你将了解到:我们的文化和我们的选择实际上改变着我们的大脑。

第四章
我们将如何运用自己的大脑？

> 神经元是缠绕在一起，并一起被激活的。
>
> ——唐纳德·赫布（Donald O. Hebb）博士

世界上最先进的超级计算机与人类的大脑相比，简直是相形见绌。大脑由约 1 000 亿个神经元组成，每个都有确切的功能。令人惊讶的是，每一个人的大脑都是一个发展的过程。它根据你每天的选择会形成新的连接，这个连接就是我们通常所说的"突触"。

你的大脑现在正在改变

神经元正以惊人的速度发展。成人大脑有 100 万亿～1 000 万亿个"突触"。长期以来，科学家认为，成人大脑是无法改变的。在过去 50 年中的新发现已经证明这种观点是错误的。"可塑性"这个词被用来描述大脑在整个生命中变化的能力。虽然可塑性更容易发生在童年，但神经元也在不断取得新的连接，形成新的途径，并接通成人的大脑。

这就是为什么重塑你的大脑永远不会太晚。

可塑性是我们的大脑每天锻炼的结果。

- 利用核磁共振成像（MRI）对人脑的扫描表明，随着时间的推移，新的出租车司机会更加熟悉伦敦的道路，并进一步扩大大脑中负责导航的部分。
- 那些音乐家的大脑，即使是成年后才学习乐器的，他们手指对应的头部区域比不会乐器的人要发达得多。
- 核磁共振成像表明，那些每天打坐的佛教僧侣，其大脑区域中的体贴和反思区会增大。

由于成人大脑具有可塑性，因此你要小心选择你的做法和学习内容。你的大脑会永久记录下你的习惯。人们总是认为是大脑影响了自己的行为，而不是行为影响了大脑。但实际上是你的大脑影响了你的行为，然后你的行为反过来塑造了你的大脑。

神经元被激活后，大脑才开始重塑

时间和实践重塑大脑，这是一件好事。但我们不希望我们的每一个思想、每一句话，或某个动作都成为我们行为变化的永久记录。大脑出现可塑性的迹象需要一个月左右。当非音乐家练习某种乐器的时候，功能性核磁共振或像显示出大脑大约在3～4个星期后出现活动模式的变化。

要产生有意义的转变，重塑大脑需要更长的时间。伦敦出租车司机需要两年的时间才能在市内熟练驾驶而不迷路。成功的弦乐演奏家至少需要7～17年的训练时间。僧侣需要在15～40年中，冥思练习10 000～50 000个小时。

持续性注意是大脑可塑性形成的关键步骤。伦敦出租车司机、成功的弦乐演奏家和佛教僧侣都需要每天保持持续的注意力，每天练习好几个小时，最终才能形成大脑的可塑性。反复练习是我们塑造大脑的方法，这就需要保持长时间的持续注意力。

使用它还是丢弃它

从一开始，注意力就影响着我们的大脑。婴儿出生时拥有 2 000 亿个神经元，是成人的两倍多，如果不使用的话，这些神经元很快就会失去作用。值得注意的是，每一个婴儿都可以清楚地分辨每一种语言的每一个音节。但是因为婴儿一般只听到母语，所以逐渐就丧失了他/她并不需要的辨别能力。

在我们的整个生命中，对于突触、大脑通路甚至大脑的整个区域，要么使用要么丢弃。当盲人学习盲文时，指尖相对应的大脑区域会越来越大，并逐步占领大脑中部分用于视觉的区域。

由于大脑是具有可塑性的，突触和大脑通路都会由于我们的使用而逐渐强大，而没有被使用的部分则被大幅削弱。假如你想辅导一个学习几何课程有问题的 11 年级学生（假定你不是数学老师），那些不经常使用的正弦、余弦和正切等你还能记得多少？

像肌肉一样，思维能力的加强也在于不断的运动。但是，与肌肉不同的是，思想的运动是不可见的。只要一瞥镜子，你就知道自己的身材已经走形了。但是在大脑中，微小的突触可不是那么容易被注意到的。

在危险的数字时代，我们每一天面临的都是无休止的工作要求、巨大的生活压力，以及没有时间与家人相处等问题。但是，最危险的可能是在大脑额叶中，我们看不到的持续性注意区域被削弱了。

然而，你可以选择大脑中哪部分的联系需要加强。

大脑的"首席执行官"

位于大脑前额部后端的额叶，是人类大脑中新近发展的部分，比任何其他动物的都更加复杂。人类一般在 25 岁的时候额叶才会完全成熟，而且这部分大脑是最容易老化的。

额叶的"行政职能"是首席执行官。这里涉及规划、结构、逻辑、信息处理、抽象推理和决策等。

你的"首席执行官"正在忙碌

当你处于多重任务状态时，你的额叶就处于工作状态。其实它并不是让你同时做两件事，它只不过使你迅速从一个任务切换到另一个。当你查收邮件或查看时间表的同时听取你的手机语音，你的额叶快速运转，将你的注意力在电脑和手机之间来回切换。这个活动要求迅速分泌出激活大脑的化学物质多巴胺。多重任务使我们可以同时做很多工作。我们的首席执行官富有成效，让我们感到生机勃勃！

你的"首席执行官"是不是太忙以至不听话了？

当你在计算机、手机上忙乎的时候，你没有在干的是什么？你没有安静地沉思，领略自然风景之美，或体会与家人的相处。忙碌的活动会让你产生多巴胺——大脑中的一种化学物质，影响着人的情绪和个性。你大脑的"首席执行官"富含多巴胺和肾上腺素。只有当你沉思的时候，大脑中的持续性注意才会被激发出来并发挥效用。

一项核磁共振成像的研究显示，有较厚额叶的 20 多岁的年轻人会经常沉思，而且有比较好的控制能力。增加额叶的厚度被认为是抵御压力和抗衰老的一个办法。这项沉思研究被认为是很有意义的，因为这些被调查者都是普通人，他们只需要将重点放在自己的呼吸上，而不需像前面提到的那些佛教僧侣一样全身心地投入沉思之中。据报道，那些被调查者用于沉思的时间是"一天约 40 分钟"。

当我第一次读到这项研究时，我曾经想过，"只有 40 分钟？一天中谁拥有宁静的 40 分钟？"然而，享受每天 40 分钟的某种形式的放松，保持持续性注意，可能是你用来缓解巨大工作压力的好方法。在这个数字时代中注意力不易集中，我们更需要额叶中的复合胺给我们带来平静，以防止脑部被肾上腺素全部占领。

如果我们停下来用一点时间想一想，我们可能会问自己，我们想要什么样的大脑额叶？大脑的"首席执行官"需要多少时间来进行反思？什么样的决策需要我们放慢速度，仔细考虑到底是怎么回事？

你的"首席执行官"做出正确决定了吗？

当你进行多重任务的时候，你的额叶不停地在多重任务间来回切换，这时候你的工作效率是不是更高呢？

为了检验这一问题，研究人员在美国联邦航空管理局（FAA）和美国密歇根大学进行了一系列的研究。他们让年轻人做不同难度的代数题和几何题，并记录年轻人的核磁共振成像。结果表明，在同等条件下，处理多重任务比分别解决问题花费了更多的时间。也许你已经猜到了，因为被测试者在解决更简单、更熟悉的问题时，工作效率较低，但是，即使是遇到最简单、最熟悉的问题，没有分散注意力时的工作效率还是远远高于分散注意力时的。

卡内基梅隆大学的另一项研究也发现了类似的结果，同样也是让被调查者接受功能性核磁共振。年轻人在同一时间完成语言类题目，而头脑中闪现的是三维立体图像，虽然准确度没有受到影响，但是速度却放慢了。与分别完成两项任务相比，同时完成需要更长的时间。此外，大脑中相应的语言和图像区域激发的注意力比分别完成任务激发的注意力要少很多。

调查结果显示多重任务实际上降低了工作效率，因为大脑的部分功能已转向受额叶影响的迅速切换的任务。首先，它会选择一个任务，这就是所谓的"目标转变"。然后它关闭原有的任务，激活现有的任务，这就是所谓的"激活规则"。

那么为什么实际效率不高，我们还要执行多重任务？嗯，可能这种多重任务是极其轻松和熟悉的日常琐事，我们认为会更有效率。我不知道有没有研究显示在打电话的同时排空洗碗机是不会降低效率的。

但面对更加复杂的任务，比如当我们使用电脑时，多重任务情况如何？最有可能的答案是：这得根据你的行为和刺激大脑的化学物质多巴胺的分泌情况而定。在多重任务状态下，大脑中分泌的多巴胺使你警觉，好像你在更短的时间内能做更多的事情，尽管实际上不是这样的，如倒U形曲线所示。对于多重任务，工作效率降低的成本与刺激水平低、注意力难以集中的成本相比较低。无聊、缺乏动力，是我们这个时代的特色，如果没有多巴胺的刺激，可能我们能做到的事情更少。

多重任务的情形需要大脑的"首席执行官"用良好的判断力来决定工作所需要的刺激水平，进而增加或减少相应刺激。在接下来的一章中，你将了解多重任务工作的准则和多重任务工作的时机。如果你的大脑没那么忙，增加多重任务的刺激是一件好事。但是，如果你的

"首席执行官"太忙了,陷入了过多多巴胺分泌导致的狂热之中,你会忽视平衡大脑化学物质与血清素的暂停分泌,这时则容易导致效率低下。因为此时的大脑持续性注意的能力已经被削弱,而且随着时间的推移,它会更难静下来专注于一个问题,或耐心地学习一门技能。

选择性注意

在数字时代,因为要跟上这个快节奏的时代的步伐,我们可以到达更远,可以做更多的事情,可以将我们的注意力分散。然而,现在我们到了应该控制并保护我们大脑回路,保持注意力集中的时候了。

在我小时候,记得有一个朋友家住在沙滩附近。他父亲是个好人,让所有人穿过他的家,抄近道去沙滩。后来,他发现根据法律,他已经失去了从他家到沙滩这条小路的所有权。尽管他是个好人,但是却不知不觉地失去了自己的财产。像这条通往沙滩的捷径一样,大脑回路也很容易每天被人们滥用。

根据我们现在已有的关于大脑可塑性的知识,我们知道:

- 如果你已经习惯处于注意力专区,那么你正在加强保持注意力所需的大脑机能。
- 如果你已经习惯偏离注意力专区,那么你一直在削弱自己的注意力,你保持自己注意力的能力会越来越弱。

在第二部分,你将了解到用于加强大脑中注意力路径的工具。你会学到用来培养技巧和方法的八串钥匙,以找到自己的注意力专区,并使自己保持在注意力专区内。

第二部分
八串钥匙

在第二部分,你将学到八串有关情绪调节技巧的钥匙,你可以用它来打开通往注意力专区的大门。每串钥匙都对应重要的概念和策略,可以用来发展自己的情绪、心理调节技巧和行为技巧。

以下是情绪调节技巧:

钥匙串1:自我意识(第五章)

钥匙串2:改变状态(第五章)

钥匙串3:终结拖延(第六章)

钥匙串4:抗焦虑(第六章)

钥匙串5:强度控制(第六章)

以下是心理调节技巧:

钥匙串6:自我激励(第七章)

钥匙串7:保持状态(第八章)

以下是行为技巧：

钥匙串8：健康的习惯（第九章）

你会发现情绪和心理调节技巧有很多的重叠，这反映出的事实就是：主管感情和主管思想的脑区有着巧妙的内部联系。肾上腺素的产生是由头脑中比较成熟的情绪部分激发和刺激的，所以能首先掌握有效的情绪调节技巧是事半功倍的。

每串钥匙都有三把钥匙，你将要了解其中的每一把钥匙，然后选择你最喜欢和认为最实用的方法。你会找到几种真正有用的心理调节技巧和策略，可以保持一整天的注意力集中。这些方法将会一直伴随着你，就好像你的大门和车钥匙一样重要。找到你最需要的钥匙以后，你可以把其他的钥匙放在保险柜里，因为不必每天都用到。

你可以把所有的钥匙挨个尝试一遍，看看哪把钥匙可以开启成功之门。正确地使用并与自己的技巧相结合，你将可以保持注意力集中。

第五章
情绪调节技巧

> 从某种意义上讲，我们有两个头脑、两种思维和两种不同的智力，那就是理智和情感。我们在生活中的行为是受到这两方面控制的，不仅仅是智商，情商同样至关重要。
>
> ——丹尼尔·戈尔曼（Daniel Goleman）

你是否有过这样的感觉：尽管你用了手机、个人助理软件或日程笔记，仍然感到杂乱无章或难以赶上变化？生活中的各种要求、分散你注意力的干扰和每天超负荷的工作让你性情暴躁或想要逃离或躲避？正如我见过或接触过的许多案例，你也许会感到自己已经尽了最大努力，但还是无济于事。但是如果你能掌握情绪调节技巧，那么你会发现自己在生产力、性情和注意力上会有很大的不同。

什么是情绪调节技巧

情绪调节技巧就是能够让你认识到自己的情绪，然后尽可能将其调整，让情绪帮助你而不是左右你的技巧。有时，情绪向你传达了生命中重要的信息；而其他时候，情绪制约或干扰了你，让你很难保持注意力集中。如焦虑、内疚的情绪就好像嘈杂的噪声一样，夺去了你专注的能力，让你难以坚持原有的计划。

很多人都没想过要调整自己的情绪，因为感觉这好像很难实现。但情绪是可以间接调整的，当你觉得无法改变自己的感受时，你可以改变自己的想法，于是就间接改变了你的感受。

举个例子吧，每次关上电脑的时候，你总会不由自主地担心明天要完成所有的事情，而且今天没做完的事情更是让你陷入严重的愧疚。把你的电脑放进抽屉里可能会让你好过一点，却不能解决问题。但是，如果你通过自我训练可以理解过去的逃避，你就可以直面自己的焦虑或内疚，并做出相应的计划处理它。你可以使用镇静式的自我对话和深呼吸、在索引卡上抄写名人警句或在电脑上贴上自己喜欢的人的照片等方法来让自己不那么焦虑。

如今，你比以往任何时候都需要情绪调节技巧，好让自己留在注意力专区。高科技工具不能取代情绪调节技巧的位置。如果你只是沮丧地、冲动地、焦虑地使用最先进的电脑或昂贵的时间管理系统，这些工具只能成为摆设，对你毫无帮助。出于这个原因，我特意把情绪调节技巧章节放在心理调节技巧章节的前面。

第五章 情绪调节技巧

情绪调节技巧如何工作?

当你练习情绪调节技巧时,比较成熟的、主管情绪的脑区要与相对年轻的、掌控理智的脑区(即你大脑的"首席执行官")建立起更多的突触。只要你能建立更多的突触,你就能在两者间建立起更多的联系,尽量用你的理智驾驭你的情感。

比如每次你看自己的行程安排时,如果你这样对自己说"嘿,我已经做到了这么多了","尽管不完美,但是有进步啊!"或者"来个深呼吸,1—2—3",那么,当你一想到自己的行程表时,你会尽可能让自己找到平静、自信的感觉。你越是这样做,大脑就越会加强这些积极的联系。随着时间的推移,当你大脑的"首席执行官"一想到行程安排的时候,大脑系统很自然地会释放出平静、自信的情绪。

你大脑的这个边缘系统是一把双刃剑,既可以帮助你,也能伤害你。在连接状态下,你的边缘系统完全支持你大脑的"首席执行官"——额叶下达的任何命令。但若是连接断开了,你的肾上腺素分泌会由你的情绪来接管,会毫不留情地夺取"首席执行官"的权力。

认知策略

在本书中你所能了解到的八串钥匙都可以说是"认知策略"。认知策略是用有益想法来取代无益想法的一种技能,而有益想法则可以使有益情绪取代无益的情绪。

本章将情绪调节技巧分解为两个钥匙串:

钥匙串 1:自我意识 ——认识到你的情绪和受刺激的水平

钥匙串 2：改变状态——调整你的情绪和受刺激的水平

丹尼尔·戈尔曼曾指出："自我意识也就是认识的自我感觉，也是情商的基石。"但我认为，自我认识是一个挑战。在注意力难以集中的今天，我们可以很容易地改变肾上腺素分泌的方式，我们很容易忘记正在处理的棘手问题，尽管内心深处我们知道有些问题根本无法逃避。我们无意中陷入了否认，并逃避不舒服的感觉、令人不快的家务事、与他人的不快等。与此同时，在我们的脑海中，这些被我们企图遗忘的情感削弱了我们的注意力。在自我意识钥匙串中有三把很重要的钥匙：自我观察；你的肾上腺素分值；"我为什么现在没有这么做？"的问题。

钥匙串1　自我意识

⌬ 自我观察

⌬ 你的肾上腺素分值

⌬ "我为什么现在没有这么做？"的问题

⌬ 自我观察

在你心情愉悦的时候，审视镜中的自己，问问自己"你是谁"。你是聪明的、漂亮的、成功的，有着家人和朋友的祝福，此时你在自己眼里是生机勃勃的。当你心情低落的时候再站在镜子前，你会感觉自己好像个可怜虫，看上去年纪大，孤独，发财的永远是别人，而自己长的只有体重。看看吧，不同的心情让你的自我评估相差很多。

要知道，我们看待周围的一切和自己都是透过情绪变焦镜头的。通过这些玫瑰色的镜片，我们将事实夸大或歪曲。自我观察也被称为"正念"①——有能力通过自己设定的镜头来观察世界，或者平和公正地看待身边的事情。

自我观察可以让你随时保持状态

比方说，你正在办公桌前工作，此时听到楼下的欢声笑语，这种欢乐的气氛慢慢渗透进你心里。你想离开座位，想加入楼下的欢乐队伍。但是，你并没有行动；反过来，你停下来，开始了自我观察。

在这样的情况下，你的自我观察提醒你：现在你已经累了，今天你必须完成手头的工作。当你开始进入自我观察的时候，你正在与大脑中最重要的部分进行对接。你已经成功将头脑中的感觉部分与理智连接。这时候你大脑的"首席执行官"则开始有技巧、有策略地下指令，好让你按照原定计划完成工作。你可以选择继续工作，而忽略楼下的欢声笑语；或者你可以选择起身，去跟他们打个简短的招呼，也算是一天工作中的小小刺激。不管怎样，这都是一个很好的决定，总比毫无计划地呆坐在办公桌前，偷偷听着楼下人的交谈，或者干脆抛下手头的工作跟他们玩个够要好。如果没有自我观察，你将很容易拖延，最终没有完成工作。有了自我观察，你就能顺利地完成工作并按时下班与家人待在一起。

悠久历史，众多名人

古代的佛教心理学家阿毗达摩教导我们，思想和感觉都是短暂的。

---

① "正念"是一个禅修术语，意即以一种特定方式来觉察、活在当下以及不做判断。——译者注

只有通过冷静地观察情感的上升和下降、出现与消失，才能缩短与它的距离，并最终成功地脱离它的控制。这种"正念"的方法在今天已经成为冥想和治疗的一个基础。如果你的行动不是对感受及时、自动的反应，你会注意到这些感受，并加以考虑，这时的你处于清醒状态。

你的自我观察就是将这种"正念"付诸行动。弗洛伊德认为，这是一次"均匀地分配注意力的行动"，他的学生将之命名为"观测的自我"，还有心理学家称之为"公正的旁观者"、"证人的自我"、"超脱的旁观者"、"中立的旁观者"或"语音的客观性"。你的自我观察是一个接受自我而没有任何批判或评论的中立行为。这将是一个可靠的、理智的、友好的声音。

不应该是

你的自我观察的行为不是专业人士奚落业余选手。如果你对来自内心的声音感到羞耻或困扰，那绝对不是你的自我观察。将之关闭，重新试一下，这一次可不能再打着完美主义的旗号了。你的自我观察应该是客观地展示你的想法和感受，而不是你"本应该的"思考和感觉。

同时，你的自我观察也不是对不安全感的自然流露。如果你不断地想知道别人怎么看你：你刚才是不是举止合宜，有没有开不恰当的玩笑，这样想你就忽略了自己真实的想法。你的自我观察是关注你内心的状态，而不是你的名声、你的外在。

退后一步

记得有一天，我听到我的孩子们的对话，他们那时候还是小孩子呢，他们正在谈论刚看到的一部动画片中令人害怕的场景。我的小女儿被吓坏了，她的姐姐则指着电视柜告诉妹妹："下次你觉得害怕的时候，你要盯着电视柜的边框看，喏，就是那里。我害怕的时候就是这样做的，当我的眼睛看到电视柜的边框的时候，我就知道不用害怕，这不过是部电影罢了。"

退后一步就能远离电影，其实这也是你与自我观察进行联系的方法。当你稍微忽略一下以往的经验，你会立即看清楚正在发生的事情，而不会任由事态发展而迷失了自己。要学会往外看一眼，好看到更广阔的画面。把自己训练成通过电影中导演的视角来看事件，而不仅仅局限于一个演员的角色。

为了帮助你从自己的事情中走出来，你可以尝试想想，如果别人到了这一关头该怎么做？你有没有可以对之开诚布公的朋友或导师？当你陷入自我思考，需要退后一步的时候，你需要问问自己："如果他在，会怎么说我呢？"

进步的级别

正如大脑的其他连接一样，你越是频繁地使用自我观察法，你越容易建立起大脑通路。刚开始的时候，大脑可能很难与自我观察相关联，但是你做得越多，以后的关联也就越容易实现。

当你需要的时候，如何更好地开启自我观察？比方说，你有一个马上要交的预算报告，而且这是你办公桌上留下的唯一任务了。这时候，一个不经常见面且关系不错的同事突然到访，想跟你请教一个问题。你怎么办？

（a）邀请他坐下来与你交谈，谈多久都行。然后送他到电梯，并继续交谈直到他说他得走了。

（b）邀请他坐下来与你交谈，谈多久都行。但是还惦记着自己不想干但是非干不可的工作。

（c）邀请他坐下来，但是只留给他10分钟的交谈时间。到时间后，他还不离开，就告诉他你还有工作要完成，如果他不离开，则自己起身示意他离开。

你的答案与你的进步水平及努力方向见表5-1。

表5-1 你的答案与你的进步水平及努力方向

如果你的答案是	你的进步水平是	你还需要
（a）	你还没达到自我意识和自我控制	立即开始自我观察
（b）	达到自我意识，但是没达到自我控制	还需要更多的自我观察
（c）	达到自我意识和自我控制	再接再厉

你的肾上腺素分值

> 一般是从0到10，0是你最放松的时候，10是你最紧张的时候。你现在的肾上腺素处于什么分值呢？

你可以自我评估一下你现在的注意力驱动水平。肾上腺素分值的变化常用于研究和治疗某些心理问题，如焦虑、恐惧和愤怒等。学会了放松后，你会看到这些分值的降低和症状的缓解。

这最早是在20世纪50年代由约瑟夫·沃尔普（Joseph Wolpe）博士开发出来的。当时，他把它称为"主观干扰程度量表"（SUDS），因为他用它来衡量一个"不安"的人的不受欢迎的症状。当SUDS用于注意力控制时，"D"代表"驱动器"或肾上腺素水平。这里，在自我意识的钥匙串中，SUDS被称为"你的肾上腺素分值"。

你的肾上腺素分值用于衡量你对于事态的感受是缓慢还是快速的，也是引导你进入放松或是戒备状态的标准。与沃尔普的本意不同的是，你不会总是试图降低自己的肾上腺素分值，从而达到放松或平和的状态。你会尝试调整肾上腺素的分泌从而加强自己的注意力。

如果你是：	你的目标是：
过度驱动	降低分值
缺乏动力	提高分值
处于注意力专区	保持分值

对你的肾上腺素水平进行评分是很简单的，有一些实用的方法可用于自查，并可用于留意你的感情和分泌了多少肾上腺素。有些人喜欢被评分，但是有的人觉得不过是些数字罢了。我建议你有机会的话尝试一下，但别期望这是一个很精确的数字。其实只是简单的三个等级："太高"，"太低"，以及"恰到好处。"

如何给自己打分

要开始使用量表了，先来设定下分值0、5和10的比照情况。最好的定位点就是对现实生活的回忆。比如：

0——在树下的吊床上休息

5——在你的办公桌前工作并完成了任务

10——在家人交通意外后，等待手术消息

花点时间想想你的生活中最放松的时候，并决定对应分值为0。然后同理，放松戒备的时刻为5，最紧张的时刻为10。填写表5-2中的定位点：

表 5-2　你的定位点

分值	感觉	你的定位点
0	最放松	
5	放松戒备	
10	最紧张	

现在你已经有了定位点,就可以开始练习使用完整的 0~10 的量表。每天不同的时候停下来问问自己:"现在我的肾上腺素是不是分泌得刚刚好呢?"如果你能保持这个自我评测的方法,那么自我测评会成为你的习惯。如果你经常进行测评,自我观察将逐步成为你的习惯。

你的肾上腺素分值和你的注意力

什么是理想的肾上腺素分值?这取决于你的工作要求。还记得本书第一章的内容吗?不同的工作内容决定了注意力程度的不同,也就是不同肾上腺素的分泌水平。比如说拳击和足球等体力活动,就需要大量肾上腺素的分泌。但是在数字化时代的今天,比如编写电脑程序、撰写报告、详细研究等工作,需要的则是耐心和情绪调节技巧。这样,一个稳定的中等水平的肾上腺素分泌才能让你保持注意力。

在工作的大部分时间里,你可能需要的是肾上腺素的分泌水平在 3 分和 7 分之间。像比较低的 0 分、1 分或 2 分,则是理想的放松状态,但是注意力会很不集中。这时候的你最好是在泡温泉,否则这样的你在办公桌前只能是在打瞌睡了。只要你不是职业的曲棍球选手,8 分、9 分和 10 分的肾上腺素分值对你则是有害而无利。

经常给自己的肾上腺素评分,你对自己在一天的活动中需要的肾上腺素就会有更多的把握:比如在办公桌前 5 分,午餐时 3 分,做销售报告的时候7分。优秀的运动员可以根据比赛的阶段和重要性来调整自己的肾上腺素分泌水平：在去赛场的路上6分，到达的时候是9分，在比赛过半的时候是7分。在最佳状态的时候，运动员会暗自记下当时的分值，并准备在未来的比赛中做得更好。

估算某天你的肾上腺素分值（见表5-3）：

表5-3 某天你的肾上腺素分值

	一般的分数	理想分数
开车去上班的时候		
在办公桌前的时候		
接听电话的时候		
开会的时候		
在家吃饭的时候		

自我评分的好处

每次给自己的肾上腺素评分的时候，也就是你开始自我观察的时候。你派出你的自我观察员。正如你开始思考自己的情感时，也是你可以超脱情感的时机。超脱你的情感后，你就更能客观地评价自己，更有利于自我的成长。

评分的另一个好处是，能让你明白自己情感的重要程度。这可不是要么很激动要么完全平静的问题。你可能感到非常焦虑，或愤怒，或恐惧，或崩溃，好像你根本无法停止这样的感受。但是，如果你用0~10的分值来描述你的感受，你会发现只要降低一个数值，你就可能降低你的情绪的激烈程度。你会发现情绪是可以被你控制和掌握的。

用图片来代替数字

有时候,你满脑子充斥着0~10的几个数字。你对肾上腺素是完全陌生的,或者说由你自己来掌控肾上腺素是不切实际的。由于肾上腺素是在大脑到肌肉的回路中流动,因此评价你的情绪无须花费太多脑力。在肾上腺素分泌水平很高的时刻,你的评分却可能很低。

这也说明,在你处于分值顶端的时候,图片比分值管用得多。最好的心理图片是比喻,如:炉子上有一锅马上要煮沸的水。我就看到过有老师悄悄地在过度兴奋的学生桌上放上红色交通灯的图片。这个标识是提醒学生应该停止过度兴奋,平静下来,并重新集中注意力。

我知道有位艺术家用维苏威火山图片来提醒自己已经到了爆发的边缘。许多运动员使用倒U形曲线的图片来表示自己处于曲线上向上或向下的状态。

我本人很喜欢一个比喻,这是一位成功的企业家向我咨询压力管理的时候告诉我的。他也是个私人飞行员,并希望培养自己在驾驶舱保持注意力高度集中。他做了大量的阅读,了解"主观干扰程度量表",也了解自我意识和实践自我意识的重要性。但他却无法在飞行中多处理一个设备,甚至连做一个简单的0~10心理评定量表都不行。

这个主观干扰程度量表已经在他的头脑中,他自己设想了一幅洗衣机的图片。当他开始过于紧张并难以集中的时候,他想象洗衣机开始溢出泡沫。因为此时的他和头脑中的洗衣机都太激动了。他知道此刻自己应该平静下来,否则洗衣机里的泡沫将继续溢出,造成混乱。

⊷"我为什么现在没有这么做?"的问题

自我观察进而意识到自己的焦虑可不是件简单的事情,因为焦虑总是隐藏在注意力不集中的背后。扪心自问"我为什么现在没有这么做?"采用了声东击西的方法,让我们更容易发现隐藏的焦虑。

逃避好像是数字化时代的顽症之一,因为注意力不集中是司空见惯的。其实我们没必要通过看电视、电脑和手机来掩饰我们的不安。我们必须通过自己要逃避的东西来发现自己的焦虑之处。

如果你不用控制自己的紧张情绪的话,注意力不集中是一个功能强大的焦虑减压器。有研究表明,玩游戏比牵着父母的手更有助于缓解儿童等待手术时的焦虑情绪。如果你在为必须做的事焦虑,比如撰写报告,此时的注意力不集中对你的焦虑是有害而不是有益的。除非是故意为之,否则工作的时候玩游戏只能浪费时间并加剧你的焦虑情绪。

厌倦与焦虑相连

如果等待手术的儿童停止玩游戏,他们就会想到要做的手术。当大脑没有别的东西要考虑时,焦虑则逐渐浮出水面。这也是我们为什么总是让自己保持忙碌,好忘却不愉快经历的原因。但是,当你需要考虑你自己的问题时,你却不停忙碌进而逃避问题,对你是有百害而无一利的。

> 琳达知道她的财务状况一团糟。她获得了一大笔离婚赡养费,但现在却一直是入不敷出。琳达意识到问题很严重,但是她太忙了,无暇考虑这个问题。她是一个有爱心的母亲,在她孩子的学校担任义工,总是与其他母亲商量举行新的活动或考察。她还专门去帮助自己年迈的父母,帮助他们在网上研究他们的健康问题和保险福利。当她不忙的时候,琳达感到不安和注意力难以集中。她的睡眠不佳,医生建议她服药,于是她来见我。她需要我帮助她面对一直不敢面对的财务问题,以及培养未来处理财务事务的能力。

战胜逃避的问题

琳达明白逃避已经成为她的一个习惯。她同意直面问题,并大胆地自问:"我为什么现在没有这么做?"

当琳达去孩子的学校时,她一再对自己说:"我为什么现在没有这么做?"当被要求做志愿者的时候,她不再每次都答应了。每次电话来了,她问自己:"我为什么要这么做?为什么我总是那么爱面子而难以拒绝别人?"这样下来,她的电话就少了很多。

琳达看到有很便宜的机票到她父母的城市,在她准备买机票前,她强迫自己提问:"如果我没去,当孩子跟父亲待着的时候,我是否可以自己在家有自己的时间?"每一次,她在互联网上找资料的时候,她还得自问:"如果我不这样做呢?如果我没有这样做,我是否可以花点时间来查看一下自己的财务状况?"

逐渐地,琳达开始直面她的财务问题。正如她的神经系统已经开始正常起来,她不禁意识到自己糟糕的财务问题,对自己的逃避感到愧疚。她偶尔吃一块饼干,让自己平静下来,开始整理自己的财务状况。她计划每星期至少花费 3 个小时来梳理自己的财务问题。过了不久,琳达重新找回自己的注意力。她成功地控制了自己逃避的问题,敢于直面让她焦虑的问题。

逃避只能带来短暂的慰藉

我们生活在"即时时代":微波餐、点播电影、即时消息。当然,我们是在焦虑的时候寻求短暂的慰藉。我们的生活方式是即时的,这种慰藉也是短暂的。但是,直面焦虑并诚实地处理可不是件容易的事情。如果你已经有一个可以立即解决问题的办法,为什么你还会感到焦虑呢？

　　这是你在下一章即将了解到的抗焦虑的技能。像琳达在准备处理财务问题前，她一边放上舒缓的音乐，一边把她的每个大的任务分成小任务，一步步地解决。这也是你在下一章要学到的内容。

　　某个有天赋的学生获得了第一个"A"，这全归功于四年级的时候，有位自然课教师在课堂上进行了"改变状态"的实践。我不知道这名教师这样命名的由来。但是我知道专业运动员有时使用"改变状态"这一术语来描述改变了以往的惯例。显然，这名教师在课堂上也是为了改变而进行实践。

　　这名教师是这样做的：每天都由一名学生负责想出一个互动方案，在3分钟内提高每个人的情绪。每天当教室里充满了沉闷或紧张的气氛时，当天轮值的学生就要开始带领大家进行今天的"改变状态"活动。他可以讲个笑话，放段音乐，或让每个人站起来蹦蹦跳跳。有的孩子的活动很有创意：击鼓、跳舞、唱摇滚乐等。

　　改变状态的活动，目的是让这些学生继续保持自己的注意力。该做法让这个有天赋的15岁学生有了大显身手的好机会。因为他在9岁的时候，已经开始捣鼓计算机零部件。每天晚上他要写这些零部件是如何工作的报告，这让他备感烦恼。这个改变状态的活动，可以让他专心致力于越来越乏味的报告。这个心理调节小技巧，可以让他在课外时间使用，在他感到乏味的时候让自己保持注意力。

　　这一章剩下的部分将向你介绍改变状态的技巧。你可以像这些成功的理工科学生一样，想出适合自己的刺激方法。如果你是在家里办公，那么收拾一下，给自己换个环境，到当地的书店、图书馆或咖啡馆的"第三办公室"去办公。如果你从事的是弹性制工作，那么列出待办事项清单，将其分类为高刺激、低刺激等。

真正的挑战是你在办公桌前冥思,到底应该使用哪种方法来改变状态。下面我将给你介绍三种灵活的方法:四角呼吸法,中断电源法、需留神的多重任务法。

钥匙串2　改变状态

⊶ 四角呼吸法

⊶ 中断电源法

⊶ 需留神的多重任务法

⊶四角呼吸法

让我们先来尝试可以让自己迅速地在任何地方保持平静的方法。采用四角呼吸法,你可以找到自己的呼吸节奏。当你觉得恍惚或者超级兴奋的时候,可以用四角呼吸法来控制自己。

你可以这样做:首先,环顾四周,找到有四个角落的东西,比如说一幅图、一扇窗、一扇大门等任何有矩形框架的东西。现在开始:

1. 看着左上角,深深吸气并数到4。

2. 将目光转到右上角,屏住呼吸并数到4。

3. 将目光转到右下角,缓慢呼气并数到4。

4. 将目光定在左下角,默默地对自己说,"放松……放松……微笑",很简单吧,只要这样做就行了(见图5-1)。

第五章 情绪调节技巧

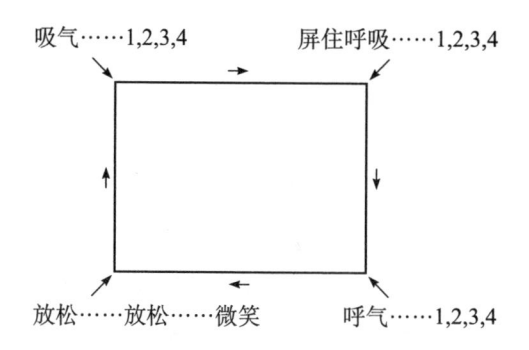

```
吸气……1,2,3,4        屏住呼吸……1,2,3,4
        ┌─────────────────────┐
        │          →          │
        │↑                   ↓│
        │                     │
        │          ←          │
        └─────────────────────┘
放松……放松……微笑      呼气……1,2,3,4
```

图 5-1　四角呼吸法

现在我们就来试试吧。然后你可以将这个方法应用于你需要快速改变状态的时候。通过盯着你旁边的一个点，你可以让自己不再沉溺于担心、自我怀疑和内疚等情绪之中。有意识地练习，可以让你重新找回理智。

你可以重复上述四个步骤。如果你给自己的肾上腺素评分偏离了你想要的理想状态，那么多做几次上述步骤，直到你调整好自己的肾上腺素分泌水平。比如说，你现在的肾上腺素分值是 9，你太过紧张而不能保持注意力集中，那么继续采用四角呼吸法，直到你的分值降到 8。

如果你已经在其他课程，如瑜伽、冥想或武术等学到过呼吸疗法，或你发现另外一种呼吸方法更能帮助自己放松和调整，那么继续那些让你改变状态的方法。但四角呼吸法仍然是一个备选方案，因为它结合了内外点的联络和韵律呼吸。使用拉梅兹方法分娩的女士们则可以尝试同时使用四角呼吸法，肯定会受益匪浅。

跟厨房里的量杯、车库里的胶带和药箱里的阿司匹林等多功能用品一样，四角呼吸法是你保持注意力集中的首选方法。

中断电源法

多利是个电脑奇才，但总是难以完成手头的工作。在学校的时候，他就是出了名的难以完成事情的人。他发现总是难以兑现自己的承诺。当他坐下来准备写论文的时候，刚开始还是好的，他在互联网上认真地找有关他的专题研究的资料，但是很快就从一个页面跳到另外内容不相干的页面上去了。结果交报告的期限到了，他连开头都没有写完。

毕业后，他的情况并没有多大的改观。通过一个朋友，多利找到一份体面但枯燥的工作。作为跳板，他接受了这份工作，直到他找到一份更好的工作。但是，当他开始寻找就业机会、修改简历或申请更高级别的工作的时候，他总是被其他更有意思的事情吸引而停下了手头正在做的事情。

直到有一天，一个不如他聪明的同事得到了提升，当了他的上司，他才开始下决心加油努力。于是，他来找我，想知道怎样才能提高自己的注意力。其实多利早就知道自己有注意力不集中的老毛病了，用他自己的话来说，他的注意力好像是铁屑，只要周围有点其他事情，铁屑就被磁铁给吸引光了。知道自己的毛病，多利给自己提出个规则，一旦他坐在他的办公桌前，只有到了睡觉时间，他才会起身，否则中途从不站起来。但是即使这样，他也没有达到自己的理想状态。

当多利从办公室回到家的时候，他总感觉很累。他会坐在自己的电脑前，并开始查看就业网站，但往往还是在网页上浏览跟自己的兴趣爱好有关的内容。曾经在学校中发生的事情依旧在上演。他给自己定的最后期限又不得不再次推迟了。渐渐地，他感到有些烦躁，越来越不想找工作了。于是，他下班后总是与同事去酒吧喝酒，晚上一般很晚才回家，这样他坐到家里电脑前时已经很晚了。

我告诉多利有老师曾经在课堂上使用"改变状态"的方法来激励学生。多利说其实他本应该是一名优秀学生。回到家后，他决定调整自己的状态。他废除了自己的规则，不再一直坐在座位上，而是在有需要的时候，起身用10分钟的时间采用一些科学方法让自己重新找回注意力。

作为一个有创意的人，多利想出了各种各样的休息方法来改变自己以前的情况，比如玩一下模拟汽车游戏，在笔记本电脑上看一会儿喜剧，或出去和他的狗玩上一小会儿。总之他发现自己一般最佳的注意力可以保持在半个小时左右，他逐渐掌握了自己的休息时间。

周密计划、定期休息，让多利感受到更多的刺激，使得他可以在办公桌前有效地工作到很晚。最后，他找到了一份自己喜欢的新工作，并继续利用休息方法保持自己的注意力。

这就是我们前面提到的"中断电源"法，因为它可以让你在烦躁或缺乏动力的时候重新保持注意力。但是，值得注意的是，你必须有启动和停止这种方法的控制力。跟上面提到的多利一样，只有设定一个具体的中断时间，才能让你重新回到工作中来。

逃避和中断电源法的区别

当我帮助自己的孩子保持注意力集中时，其中一个关键是区别逃避和暂时的休息。因为这两者都可以让你得到暂时的慰藉和解脱，但是中断电源法要求你必须事先有个自我承诺，即要重返工作状态。

许多人起身活动，并"打算"待会儿继续工作，但需要注意：逃避是有着明显意图的。当你起身后，发现很难控制分心，一不小心，就很难再进入工作状态了。每次多利都打算用心找到一份更好的工作，但没有学会控制自己，以至于每次都不能如愿。

在中断电源法中，你需要做出一个具体承诺：当你站起来后，一定要在设定的时间内回来。然后，你一定要说话算数，就好像你向一个重要人物许诺何时要给他打电话一样守时守信。

给自己设定个时间很容易，你可以用你的手机、手表、电脑等搞个计时器。但是，如果你真的不能倒计时的话，也可以找张纸在上面写上你的返回时间。然后，查看一下附近的时钟上的时间。如果你在时间到之前看看时钟，你还能增强自己判断时间的能力。

如果你很难在休息后重返工作状态，试试下面的方法：

- 当你回来的时候，首先开始做的是一项你感兴趣的工作。
- 休息回来的时候，带回你喜欢的一杯茶或一包零食。
- 马上计划下次休息时你要做的事情，好让自己期待下一次的休息。

你可以通过中断电源法让自己稍微休息一下，稳定情绪，或者让自己保持良好的注意力。中断电源法是一个好方法，通过自我鼓励顺利地进入下一目标。你可以在每个计划、每个任务或者一个章节完成后稍微休息一下。

设计一个你自己的中断电源法，可以适用于每次小任务结束后，当然也可以是每年年底的任务完成时。对于正在做的刺激比较弱的工作，你需要更多的中断休息。下午，你可以增加中断休息的次数。可以伸伸懒腰，在脸上喷点凉水，开开窗户，多开一盏灯。有创新的中断总是好的，甚至你可以尝试一下新品牌的口香糖。当然最关键的还是你的中断休息是有意的、有策略性的并有时间限制的。

刺激程度高还是低？

要有策略地使用中断电源法，就需要比较一下你现有的和你需要保持的注意力程度。

如果你的工作比较枯燥，如数据录入、技术报告编写等，那你就需要刺激程度高的中断休息，你需要做一些能让你感兴趣、增加能量的事情。如果你是在家里，那么打开音乐软件跟着唱唱歌。在办公室的话，去爬爬楼梯，或者跟你的朋友打个电话闲聊一下。

如果你的工作是解决冲突、空中交通管制等需要精神高度集中的工作，那么选择刺激水平低的活动来缓解和放松一下。如果你在家里，那么在后院散散步或浇一下植物是不错的选择。如果在办公室，在你的车里或者员工休息室里，闭上你的眼睛，倾听约翰·帕赫贝尔（Johann Pachelbel）的卡农长笛版这种舒缓的音乐对你会更加适合。

如果你的工作既枯燥又需要精神高度集中呢？比如说，你在严密监考下准备高难度的考试，或者为明天的出庭准备法律文件。内容是无聊的，但是同时你也会感到紧张。你需要一种既刺激又放松的方法。何不出去一下，做点轻松的体育锻炼？

其实，每种中断电源法都因为有其新鲜感而让人感受到新的刺激。只要跟你现在手里正在做的事情是不同的类型，你就会得到休息和缓解，为继续后面的工作调整自己。

睡眠的力量

人类每天身体的"昼夜节律"是在下午 2 点左右，这也是人们在每天 24 小时中处于低谷的时候。我们感到疲乏，注意力难以集中。这就是为什么在世界各地不同文化中，人们都有午休的习惯。

研究表明，中午的小憩能防止下午的倦怠。睡眠巩固了大脑最近收到的信息，腾出更多的空间来接收新的信息。就好像这样：当你从杂货店购完物回家，把购物袋堆放在厨房柜台上，你只有把买来的牛奶、蔬菜和其他东西分门别类地放入冰箱、柜子后，你的柜台才能重新腾出空间来放置其他的东西。你需要重新整理柜子，才能放入新买来的东西。

大脑以同样的方式工作。新的信息暂时停留在短期记忆里，并在此等待被分为长期记忆储存。当你感到倦怠的时候，大脑的短期记忆，就好像厨房柜台已满了。你需要放松并清空一些空间。这时大脑分泌出神经传递素这种化学物质，好让你整理一下现有的短期记忆。就好像厨房柜台一样，大脑已经没有更多的地方让你再放置任何信息了。这时你需要睡眠，补充大脑所需的化学物质，好让它们来消化已有的信息。午睡后，你的大脑不再疲惫，就好像厨房柜台已经被清理干净，完全可以放置新的东西了。

在第九章你可以读到更多关于睡眠的内容。如果你不能午睡，那么一定得有良好的夜间睡眠。睡眠是大自然赋予我们的能力，让我们醒来后可以重新神清气爽，保持自己的注意力。

假期

度假是你的年度中断电源法，一个好的假期会让你恢复体力和精神。你会一览森林全貌，而不是仅仅看到局部的几棵树。休假回来，你对电话、电子邮件或手机消息的反应不再那么积极。

在当今竞争激烈的工作环境中，休假的时候还在工作已经成为荣誉的象征了。"现在不断有人想往上爬"。我们积极进取的文化导致了这样的结果。但是，请不要忘记第三章饥饿的毛驴的故事，不要这样透支自己。

需留神的多重任务法

在最近的一个父母交流会中，一位母亲告诉我她的故事。为了成为一名家庭和事业兼顾的女性，作为公司营销副总的她特意请假去观看小儿子的棒球比赛。但是在比赛后，她儿子却跟自己发脾气。因为在场上小儿子有个得意的接球，但是当他抬头看观众席时，却看到妈妈正在接听手机，根本没看到他的精彩瞬间。这位母亲也很生气，认为怎么能因为这个不凑巧而责怪自己呢？儿子不应该感谢妈妈这么忙还抽空来观看比赛吗？要知道，妈妈是牺牲了自己在职场上的机会而特意请假来陪儿子啊。

当两个人都互相生完气后，他们开始交谈了。儿子告诉妈妈，他真的很希望妈妈来看他的比赛，但如果妈妈来了以后还是在工作的话，他宁可妈妈不要来。他解释说，因为他觉得当他有精彩接球的时候，却看到妈妈在打电话而错过了，这伤害了他的感情。还不如这场比赛妈妈根本不在现场，因为没看见妈妈，也就不会有这样的失望了。每次一想到这个精彩接球的时候，他也会想到妈妈当时的表现，感到确实很受伤。

这次谈话惊醒了她，让她开始了自我反省。当她不再尴尬和愤怒的时候，从她儿子眼中看到了自己的样子。她不再认为儿子是个被宠坏的小孩子，反而感到孩子长大了，有他自己关心的东西。她知道，在今后的几年里，儿子不会再仰望观众席上找寻妈妈了。

这位妈妈承认她无法在参加儿子比赛的时候，专心接听自己的工作电话。下次，她将做出不同的选择。从此以后，她很聪明地运用需留神的多重任务法。

大家可能还记得本书第一章，需留神的多重任务是指有目的性、有策略地在同一时间做几件事情。你可以有意选择多重任务，好让自己保持警觉，以提高自己的工作效率。（本书第四章为你简要概述了这项研究。）

当计算机同时运行了太多的程序时，它的处理速度势必受到影响。这跟我们人类的大脑是一样的。就像一台计算机，当我们同时干几件事情的时候，我们更多地使用了自己的内部资源。需留神的多重任务这时候就发挥了作用。当你意识到自己的工作效率低下时，你需要保持清醒，因此同时做几件事情是为了让你保持清醒好继续完成手头的工作。当你发现降低的效率带来的损失很大，比如像上文提到的那位妈妈，发现自己的多重任务已经让孩子对她很失望，这时候就是她应该停止多重任务的时候了。因为这样的多重任务是得不偿失的。

对自己要诚实

凯尔是一个非常聪明的大学生，他总是不怎么学习就能得到好成绩。最近，学校的功课开始变难了，而且他的成绩开始直线下降。凯尔不能像以前那样光靠小聪明取得好成绩了。慢慢地，他意识到，他应该开始学习了，但是以前他完全不需要这样做，这让他很难接受。

凯尔做功课的时候总是一边看着电视。他已经习惯了有高刺激背景噪声的学习环境。在学校里，他总是一边听摇滚音乐一边学习。当他来找我寻求帮助的时候，他还不想放弃自己原来的学习习惯。因为这个，凯尔已经和当教师的父母吵过很多次，并坚持认为边看电视边学习是很正确的。

我同意凯尔的说法，增加恰当的刺激可以帮助他更专心地学习。我们讨论了倒 U 形曲线和他所需要的注意力。我告诉他，我看到很多学生在学习时播放的歌曲都是只有旋律没有歌词，这样的音乐增加了刺激但是不会导致分心。但是凯尔坚持自己播放的音乐对自己是有效的。

凯尔是个顽固的人。我给他看了很多研究文章，告诉他什么样的多重任务会降低工作效率。我们探讨了多重任务带来的刺激和相对应的工作效率之间的平衡，因为多重任务势必带来工作效率的降低。凯尔同意做个实验来证明。他同意下次来的时候把生物作业带来，他会边听摇滚乐边写作业。他播放的是硬摇滚音乐。而我给他准备的是非洲的打击鼓乐，没有歌词。在他写作业的时候，我会分别让他听两种音乐，看看他写作业的结果如何。

下一次凯尔来的时候，他没带摇滚乐，也没有作业，但是他也没再跟我争论这个话题。因为他已经在家自己做了相关的测试，在不同的音乐背景下写作业，他看到了自己行为的差异。现在他学习的时候，他听着杰夫·贝克（Jeff Beck）的吉他乐，而只有在休息的时候，他才会听点重金属音乐。这样，他的学习成绩又回到了很高的水平。

其实很难承认自己一直享受的事情会影响到自己目标的实现。像凯尔一样，对过去的回忆很难让我们重新定位和认识自己。需留神的多重任务法需要人们做出成熟和艰难的决定，但是它的回报确实值得我们这样做。通过认真分析，找出恰当的刺激方式，好让你继续保持注意力集中而不是过度兴奋，也是多重任务能否成功的关键所在。

中断电源还是需留神的多重任务？

当你打开自己的电子邮箱准备开始查看收到的邮件的时候，你是会休息一下还是会同时干其他事情？严格地说，你确实在停下来休息，即使看上去你在做其他事情。这是因为多重任务实际上是快速进行任务切换。你的大脑并不是真正每次都同时关注几件事情。当你施行多重任务的时候，你是在一个短暂的停顿后，从一项任务向另一项任务转移。

其实不管怎么叫，是叫快速切换还是叫多重任务都是可以的。关键在于你这样做是不是主观的、带有目的性的，记住自己要用何种刺激方式来保持注意力集中。

多重任务增加了代沟

说到同时干很多事情，年轻人自然比上了年纪的人更容易胜任。一个21岁年轻人的额叶对多重任务的切换速度大大超过40岁的人，因为上了年纪以后人的大脑更有益于提高知识的深度，而不是广度。正因为这样，在多重任务面前，年轻人和上了年纪的人之间的区别足有科罗拉多大峡谷那么大。而且这其中的误解还是很多的。

其实最明显的差异就是对工作场合人们戴耳机的反应。一个英国的调查发现，有20%的人平均每天听3个小时的音乐。有的经理认为这是对开放式办公环境的适应性措施。因为以前的办公环境中每个人之间有隔断，可以减少分心，但是现在情况变了，所以人们要采取应对措施。但是有的经理认为上班听音乐是对工作的藐视，于是他们禁止在办公室戴着耳机听歌。因为他们觉得戴着耳机听歌的人给其他人一种暗示："让我一个人待着"，这影响了与其他人的关系。这些争执一点也不奇怪，究其根源就是年轻人与上了年纪的人之间的代沟。

多重任务，微妙的不平等和微妙的姿势

另外，"微妙的不平等"（microinequities）损害了工作关系——微妙

的、非直接的冒犯——在雇主和雇员身上都可能发生。就像经理看到手下的人工作时戴着耳机听音乐，就觉得手下对自己不尊重，而雇员觉得经理非得让自己在检查智能手机的时候跟他说话，好像被侵犯了隐私。

这些微妙不平等已经影响到了公司的决策，它们现在不得不雇用一些新型人才来替代在"婴儿潮"时期出生的人。从最近的《时代周刊》的封面故事中可以看出，很多企业都已经认识到由于微妙的不平等，造成了较高的员工流失率。千里之堤，溃于蚁穴。其实这些微妙的不平等就是多重任务的粗鲁行为导致的。

不管你的年龄和工龄，当你处于多重任务状态的时候，考虑一下你做出的细微动作的价值，并花点时间告诉你周围的人你正在做的事情，以及你为什么这么做。

不管你是正准备戴上耳机的员工还是准备接听电话的经理，试一试此时朝面向你的人做出一个表示尊敬的动作。你不要拒绝或者冒犯别人，甚至下意识都不要这样想。如果你周围有人在进行多重任务，如果你觉得他的动作让你感到不舒服，直接跟他提出，但是不要往心里去。其实你们都是在做同样的努力，在这个令人分心的时代里保持注意力集中。

振奋精神还是恢复平静？

如果你正在打扫车库或整理壁橱，那么你想要多大的刺激都可以。来杯水果奶昔，戴上手机耳机和你的同伴闲谈会儿，尽管放激烈的摇滚乐。因为你在做收拾整理等简单乏味的工作，多点刺激对你绝对是好事。

当你要做长时间才能完成的脑力工作时，你需要振奋精神，好让自己保持注意力集中。如果你正在阅读乏味的材料，那么就用手中的荧光笔划出需要阅读的重点内容。如果在一个乏味的会议上要保持全神贯注的话，那么你最好使用图片和图表来记录你听到的会议纪要。如果你是法院的书记员，需要记下冗长的、嫌疑人所有的犯罪记录时，你手中的纸和笔是让你保持注意力集中的有效工具。

在倒 U 形曲线的右端，当你处于过度紧张或过度兴奋状态时，需要身心都平静下来：做些放松身体的动作，跟别人交谈，看看你最喜欢的照片，听听你喜欢的音乐，好让自己恢复到平和的状态。

当你处于多重任务状态时，首先请确保你知道自己的目的是什么。认清自己需要振奋精神还是恢复平静，理想状态是什么。因为你不想过度兴奋或者低迷，为了让自己保持足够的注意力，要选择适当的刺激方法和手段。

这一章剩下的内容包括两部分：让你振奋精神的多重任务法和让你放松平静的多重任务法。

振奋精神的多重任务

当你感到工作无聊、注意力难以集中时，需要增加一些刺激，看看下面有没有适用于你的方法：

1. 放些积极向上的器乐歌曲。如果你一个人在办公室的话，把音量放到足够让你提神的程度，但是不能太大，否则你就会被歌曲所吸引而放弃工作。如果办公室还有其他人的话，在周围人都能接受的情况下，戴上你的耳机，听会儿音乐。

每个人都有自己喜欢的音乐，从你的音乐库中找到带有强烈节奏、有快速、稳定节拍的音乐。下面是我们建议播放的一些音乐：

❑ 古典音乐——尤其是活泼的巴洛克音乐，如巴赫的"勃兰登堡协奏曲"

- 世界音乐——尤其是欢愉的特色打击乐
- 爵士音乐——活泼的，但不是杂乱无章的
- 拉格泰姆音乐[①]——如斯科特·乔普林（Scott Joplin）为电影《骗中骗》（*The Sting*）所做的配乐

2. "拔掉"多重任务。在数字化高度发达的今天，多重任务状态往往表现为同一时间使用了一种以上的电子设备。实际上多重任务状态是指在几件事情之间迅速切换，不管你的行为中包含了几种电子设备。下面是几项建议你采纳的增强感官敏感度的方法。

- 喝一喝没有或低咖啡因的饮料：比如混合果汁、红茶、绿茶或脱咖啡因咖啡
- 吃健康的零食：坚果、爆米花或其他你喜欢的小零食
- 活动一下手脚：可以捏捏橡胶球，弯曲一下脚趾；如果只有你一个人，那么脱下鞋，光着脚在屋里来回走动一下，让脚得到充分的舒展

3. 与数字世界连接。这意味着你可以打开浏览器，看看网页，检查电子邮件或即时信息，当然你也可以查看手机中有趣的电影短片等。

当你坐在电脑前做着重复或细致的工作时，网页的浏览就好比开始一个新的刺激。一封有趣的电子邮件可以让你觉得不再那么无聊。在一个高科技会议中，跟自己的同伴稍微闲聊，或者在会议或鸡尾酒会中跟朋友发消息都是不错的选择。

在互联网上你一定能找到新鲜的事物，如可以与网友互动的博客、YouTube 视频网站，以及 MySpace 等。这时的你是积极参与的，而不是被动的。这是一个不会枯竭的良好的刺激源，但也是注意力双刃剑，

[①] 美国流行的一种音乐。——译者注

有可能提高也有可能降低注意力集中程度。本书的第十章会向你介绍一些上网时保持注意力集中的方法。与此同时，需要注意的地方是：

❏ 要注意质量

❏ 让自己始终注意控制好时间

❏ 不要在网络中流连忘返

放松平静的多重任务

当你在办公桌前坐立不安时，需要选择多重任务法让自己平静下来好保持注意力集中。下面是一些建议：

1. 听听让人放松的音乐。音乐能抚慰你工作中紧张的神经，但这些音乐不能让你放松到好像是坐在火炉边的椅子上舒服得昏昏欲睡的感觉。因为你还要继续工作，你的目标是将自己放松到肾上腺素分值为5分或6分。

让你放松的音量应该是轻柔的，能听到就好。在周围环境可以接受的情况下，请使用耳机，以营造出一个让你感到放松戒备的状态。

找找你自己收集的音乐，选择那些可以抚慰但不是镇静的器乐音乐。另一种选择的准则是歌曲每分钟的节奏（BPM），你可以自己估算曲子每分钟的节奏或使用相应软件来计算，并挑选出合适的曲子。但请记住，每个人对刺激总是有不同程度的反应。也许肖邦练习曲可以让你的肾上腺素分值达到5分或6分，而小夜曲让你感到睡意。但相同的肖邦练习曲可能让别人感到焦虑，而小夜曲对他的刺激程度则恰到好处，让他能保持注意力集中。

以下是一些建议：

❏ 古典音乐——尝试一下肖邦和贝多芬等大师的作品

❏ 爵士音乐——平静，但不是有很大起伏的音乐

❏ 天才的独奏艺术家作品——小提琴家伊扎克·帕尔曼（Itzhak Perlman）的作品，詹姆斯·高威（James Galway）的长笛乐曲

❏ 寂静的音乐——不是那种让人分心的噪音，如果周围环境允许的话，请使用耳机

2. "拔掉"多重任务。当你在工作时，任何种类的有节奏的呼吸将有助于减少压力。盯着计算机屏幕，试试四角呼吸法。或者在保存你工作内容的时候，养成同时深呼吸的习惯。深呼吸也可以让你控制自己的注意力。

不要忽视一根香薰小蜡烛，它也能给你带来欢愉的感觉。某些与嗅觉相关的脑区是与情感部分密切相关的。

这里有更多的好选择：

❏ 品尝温暖的草茶。洋甘菊在很多文化里都是一种古老的深受民众喜爱的饮品

❏ 吃点健康、让你舒服的零食。碳水化合物有助于舒缓大脑产生的紧张感，全麦碳水化合物是最健康的

❏ 收紧再放松你的肌肉。收紧你的拳头约 10 秒，然后彻底松开。这时候你的肌肉比刚收紧前更加放松。这种方法被称为渐进性肌肉放松，是由埃德蒙·雅各布森（Edmund Jacobson）博士在 50 年前发明的。你可以一次放松不同区域的肌肉，可以先从额头开始，到下巴、手臂、腿部和脚。除脖子外，你可以放松其他任何区域的肌肉，因为突然收紧和放松脖子很可能会对你造成伤害。坐在椅子上一整天，我们的肩膀已经很紧张。为了帮助改善这种情况，应该收紧然后放松。先把肩膀耸动到耳部，然后放松；将肩膀前倾，然后拉回来再放松

3. 控制你的上网时间。当你过度兴奋时，会感觉有一股强大的动力鼓动自己开始一个新的事项。在肾上腺素分泌过多的情况下，你的

大脑只会更加繁忙。在这种情况下，较少的肾上腺素、少量的刺激才能让你平静，保持注意力集中。减少而不是增加会使你出离兴奋的过度的脑部负荷量，而应返回到放松戒备状态，好保持你的注意力集中。

❑ 继续完成手头未完成的任务。不要检查邮件。一定要完成已经开始做的事项

❑ 保持现有的状态，关上所有你现在不需要的电脑软件和浏览器

❑ 采用中断电源法。如果你现在难以平静下来，那么暂时让电脑处于休眠状态，让你自己出去转转

展望未来

现在，你已经有了方法来认清和规范你的情绪，已准备好学习更多的有关情绪的调节技巧。第六章包含了三种恐惧所造成的注意力问题：拖延、焦虑，以及不同程度的愤怒。你将会学到三种新的方法，让你把压力转化成动力。

第六章
面对恐惧

我们必须不断加固勇气的堤坝来阻挡恐惧的洪水。

——小马丁·路德·金

核威胁、恐怖主义、全球变暖、传染病、自然灾害……这些充斥着我们的生活,在电视上可以看到这样的信息,在网络上也都是这样的信息,似乎我们已经被危险所包围。每天晚上睡觉前,这些恐怖的图像信息和黄金时段的电视剧一起陪伴我们入睡。

我们的大脑不是用来持续地处理如谋杀案、意外事故、自杀爆炸者、传染病的受害者等灾难信息的。在本书第二章所描述的定向反应让我们感到了震动。我们需要策略来保护自己远离难以一直承受的高肾上腺素分泌和数字时代的恐惧。

"斗争与反抗"问题的根源

当你感觉受到了威胁时,你的大脑和身体中的肾上腺素会激增。

你大脑中的一种名为去甲肾上腺素的物质则会引起斗争或反抗的反应，而且会以多种不同的形式表现出来。你可能觉得"斗争"是一种愤怒的情绪，但是也可能表现为焦虑、不安、内疚等任何情绪。当你觉得不愉快、想争论或极力反对的时候，你就处于斗争的状态中。

在今天的世界上，我们往往无法逃避来自身体的烦扰或挑衅，这些感觉也是一种斗争的形式。如果你陷入对未来的担心或者对过去深感内疚，那么你跟现实就处于脱轨状态。当你的孩子跟你讨论家庭作业的时候，你们两个人只顾争论，完全忘记了家庭作业还没完成呢。这种状态让我们意识到，虽然想要努力完成工作，但实际上你可能是在背道而驰。

第六章着眼于去甲肾上腺素引起的三个普遍问题以及相关的"斗争与反抗"反应：拖延、焦虑、愤怒或强度。你觉得奇怪，因为我并列使用了"愤怒"和"强度"这两个相差万里的词汇。在后面你会看到其中的奥妙所在。

我们愤怒时，就会感到紧张。人们说："我不生气，我只是感到沮丧。"周围的每个人都能感觉到我们的愤怒，虽然后来已经不那么生气了，但还是意识到当时愤怒包围了自己。但当我们感到愤怒的那个时刻，我们通常认为我们只是感觉强烈。这就是为什么我选择了用"强度"来包括从恼火到愤怒的不同程度。这将帮助你在恼火升级中确定自己的情感程度，以便能有效地加以控制。

该解决方案帮助你在拖延、焦虑、愤怒或强度的初级阶段就觉察到自己的情绪变化，因为这些情感根本上来源于恐惧。本章的钥匙将引导你觉察到当你感到明显或微妙的威胁时，利用学到的方法来帮助自己更好地调节去甲肾上腺素。

你在第五章学到的钥匙对第六章描述的斗争与反抗的问题同样也

是适用的。当然在本章以及本书中,你会发现一个关键所在:一个钥匙串解决方案完全可以适用于其他的情形。

第六章给你三个钥匙串,让你检测自己的去甲肾上腺素(或以恐惧为基础的肾上腺素)水平:

钥匙串 3:终结拖延

钥匙串 4:抗焦虑

钥匙串 5:强度控制

心理学家和防拖延专家简·伯卡(Jane Burka)博士标明了三种典型的拖延恐惧:

1. 害怕失败——如果你失败,你会得到负面评价。

2. 害怕成功——如果你成功,你将被赋予更多的期望。

3. 害怕被控制——用不作为来表达:"你不能让我这样做。"

而根据我的实际经验,"害怕失败"包括"害怕犯错误",大多数拖延者都是完美主义者,而且对自己抱有不切实际的期望。

害怕被控制包括害怕为自己出头。拖延是以一种间接的方式表明"我真的不希望这样做"。如果你害怕或感到无法说"不",那么你是在拖延,让别人等待,拖延的结果是在用自己的方式来说"不"。(为了打破总是处于被动的习惯,多练习强度控制钥匙串中的自信技能也是非常有益的。)

拖延者需要三个步骤来打破僵局:建立信心,点燃希望,并重新审视过去。使用这些钥匙来面对你的恐惧,保持注意力集中,并克服你拖延的毛病。

> **钥匙串3　终结拖延**
> ⊷ 建立信心
> ⊷ 点燃希望
> ⊷ 重新审视过去

⊷建立信心

主要有两种办法来建立你的信心：（1）确保成功——做事情来增加对成功的渴望；（2）让自己有信心——定义你的努力和自己的价值，无论能否取得你想要的效果。

确保成功

当你跟孩子玩抓捕游戏的时候，你会怎么做？本能地，你会接近他，好抓住他。向自己灌输同样的思想。诺曼·文森特·皮尔（Norman Vincent Peale）曾经创作《积极思考就是力量》（*The Power of Positive Thinking*），他这样说："只要把工作分为足够小的部分，那就没什么真正困难的工作了。"

可以事先确定目标，而且是可以实现的目标。目的是为进步，而不是完美。尝试以下这些会让你实现成功的方法：

- 把你的工作分成具体的步骤。
- 写出一份简单的提纲或计划。
- 每一步工作完成后，休息一下或给自己奖励。

- 如果你被问题卡住了,那么将问题再进行细化。
- 没有自我批评,只有自我鼓励。

如果你总是拖延,那么在钥匙串 1 "自我意识"中,你要问自己:"为什么我现在没有这样做呢?"另外,你还需要做一个巧妙的"自我心理诱导":

如果你自己这样说……	那么你要战胜自己就得这样说……
"我明天会做的。"	"现在开始,现在,就现在。"
"我还有大把的时间。"	"我得有富余时间好应对突发事件,要提前完成。"
"我应该看会儿电视。"	"做完后,我才能看电视。"

让自己有信心

写下这些自我陈述,和你制订的简单的书面计划一起完成:

- 感谢自己的努力。"面对这一点,我已经尽力了。"
- 放弃完美。"我就喜欢这样的不十全十美的自己。"
- 告诉自己你可以克服成功路上的困难。"我可以做到这一点……""这是困难的任务,但我很厉害,可以去征服它。"
- 回顾过去的成就。"我记得当我按时完成项目时,那种感觉真是太棒了!"
- 规划未来的自己。"当我完成这项工作时,我会开车到全国游览。我可以看到现在的自己……放松的,开心的,自由的!"
- 告诉自己,无论结果如何,你仍然是一个有价值的人。"即使我这次考得不好,但我还是聪明的,因为我已经尽全力了。"

╍ 点燃希望

由于拖延是个基于太多或太少的刺激而产生的问题，当感到焦虑时需要可靠的办法平静下来，当无聊时则需要振奋自己的精神，所以改变状态钥匙串将会有所帮助。因此，学着停下来，然后在真正需要的时候全速前进。

拥有自己的工作

第一步是就要明确你是为了自己而工作的。你的老板、老师或合伙人可能有其理由来完成这项工作，但什么是你要完成工作的核心理由？"赚钱"，"得到良好的评价"，"为我的工作感到自豪"，"让客户满意"，或"结束这笔交易"。当你力量不足时，多对自己重复自己的工作理由。这就好像是你的动力咒语。你将了解更多的技巧，来激励自己，让自己保持在工作状态中。

有理由的拖延

在办公室，格雷常常会收到老板的工作指示邮件，而不是当面向他提出工作要求，比如说要求他做会议纪要，编制详细的业务开支报告等。他总是淹没在这些工作中，好证明这些工作的重要性。当他的上司要求他完成一些马上就要进行的项目时，格雷总利用正在做的工作为借口。他告诉他的老板："如果我做这个的话，就不会有时间去细化业务开支报告了。"

格雷的老板认为他是个办事拖延的人。但格雷却认为，自己可不愿做工作的牺牲品。其实这不只是个案。许多人都感到被迫使用拖延的方法来应付过多的工作要求。在高速变化的今天，很多人成功地采用拖延法来回避更多的工作要求。

用拖延的习惯来甩掉不重要的工作任务是危险的，将此法运用在工作之外的地方同样是有害的。一名拖延"专家"善于自我破坏。因为你总是不自觉地为自己没有正当理由的拖延行为进行狡辩。当你认为自己的拖延无伤大雅的时候，你要适时进行自我分析。

有计划的拖延

当你担心根本无法按期完成任务的时候，会采取另一种有目的的拖延战术。比如说你有三周时间来完成一份报告，但是你知道只需要一周就能完成了。所以在前两周，你根本不会想这个问题。还剩下一周的时候，你可能会带着有可能完不成的忧虑来完成这份报告。有计划的拖延的缺点是：（1）不可预见的问题会造成你拖延；（2）如果你已经养成了这样做的习惯，你的大脑只有在最后期限到来时才会保持注意力集中，这样你就失去了自我启动的能力。

一种恐惧

如果你足够小心，就可以有技巧地使用去甲肾上腺素燃起的恐惧作为前进的动力。问问自己："拖延给我带来的损失有多大？"自己列出要为拖延付出的代价。它是否会让你：

- 与自己或他人关系紧张？
- 由于总被这件事拖着，不能有效率地去做其他事情？
- 担心自己的做事能力？
- 损失金钱，例如由于拖延，不得不采用收费更高的即时服务？
- 得到可怜的分数？

- 影响你的信誉？

一旦你知道了代价，就要积极地面对拖延问题而不能只是停留于此。但过多的去甲肾上腺素的分泌只会适得其反，让你陷入斗争与反抗状态。就像火苗一样，一点可以使之燃烧，但是更多则容易使火势失控。

鼓舞人心的名人名言

在《犹太法典》里这样写道："在适当的时候名人名言就像是饥饿时的面包。"下面就是这些伟大的想法中的一些。找到你最喜欢的名人名言，记下来。可以写下后用作书签或放在合适的地方。

哪些是你最喜欢的？

☐ "让心灵得到温暖，开始并完成你的工作。"——无名

☐ "你不必有良好的开始，但你每天的开始必须是良好的。"——玛丽·马歇尔

☐ "珍惜每一天！"（"抓住每一天！"）——贺拉斯

☐ "即使你在正确的轨道上，如果你只是坐在那里，你还是会出局。"——威尔·罗杰斯

☐ "拖延是时间的窃贼。"——爱德华·杨

☐ "当你不能应付手中的事情时，开始歌唱吧，你会完成的。"——埃德加·艾尔伯特·盖斯特

☐ "千里之行，始于足下。"——中国谚语

☐ "没有必要在看到整个楼梯后，才迈出你的第一步。"——小马丁·路德·金

☐ "没有什么比浪费时间更严重的犯罪了。"——托马斯

第六章　面对恐惧

⸺重新审视过去

在大脑中形成情感通路需要很长的一段时间。我们在童年习得的通路模式将贯穿整个生命，除非我们承认并改变它们。

上学的儿童常常对作业和交作业的最后期限感到无助。他们还没有成熟，缺乏有效抗议的能力。有时候，他们只能用"你不能让我做"或"我不想这样做"的话语来尽可能拖延时间。这种被动的攻击行为让他们的家长和老师感到愤怒。这样，孩子就达到了他想要的结果。"孩子们总是掌握了决策权。"父母这样说。但是，从孩子的角度来看，他只不过是达到权力的平衡罢了。即使他受到惩罚，他还是感到满意，因为他的抗议引起了反应，所以以后他便多次使用拖延法来达到自己的目的。

如果你总是拖延，那么回头看一下你的拖延战术的根源。你是不是曾经把拖延法作为一种抗争的方法？自我审视可以让你在这里找到缘由。记住，当你深陷其中的时候，是很难看到事情的全貌的。

纠正情感体验

你如何改变一种已进入大脑的通路模式？心理学家使用的方法称为"纠正情感体验"。在你心里，你将返回到原来的状况，去连接你当时的感情。只有改变现有思维，并采取不同的行动，你才能纠正自己的情感。

当克里斯还是个孩子时，她是个讨厌学校的自由思想家。拖延就好像是她的代表自由成长的声音。但作为一个成人，拖延让她的生活很被动。她决心制止自己的行为。在家里和接受治疗的时候，她重新写自己的故事。她没有责怪她的父母或老师。她只是设想如果有机会表达自己当时作为孩子的感受，那会是怎样的情形。每天她都花一些时间演练她年幼时的想法。结合使用其他终结拖延的办法，克里斯形成了新的生活习惯，养成了新的工作习惯，并回到学校完成了她的工商管理硕士学位。

重新审视自己不是责怪自己。克里斯并没有责怪在她成长道路上别人对她的生活造成的影响，尽管到现在她还是难以忘记几个让她恼火的老师。重新审视自己的目标不是让你重拾当年的愤怒。你只需在尽可能相同的环境下，一遍又一遍回顾你当年不想但已经形成的大脑通路。最终的目标是建立你的新的大脑通路，为你的工作形成新的习惯。如果你不能摆脱过去的怨恨，建议找个专业人士进行交流。

通过新视角审视过去

克里斯有过挫折。她回想起自己以前很不喜欢的一个四年级老师的做法。理智上，她明白自己无法改变老师的态度；她只能改变自己。但她还是继续着自己的拖延。为了打破这个局面，克里斯重新想象她童年的情景，那个跋扈的四年级老师让她完成作业，但当时她用其他方式找回尊严。她想象着同学们支持她开老师的玩笑，她感到骄傲，因为老师不能逼着她做任何她不想做的事情。现在在大学里，她认为她的成功是在于向教授展示自己超强的能力。这一次，她破除了自己拖延的顽症。

克里斯的自我审视让她获得了观察自己的机会。她意识到我们大家都需要从过去出发来解决问题：设想如果你能回到原来，你会知道应该如何做，把当时没有这样做的原因分析出来。尽管不能挽回，但在你心里你已经看到如果采取不同的措施会有怎样的结果，并可以把情形应用于如今的事情上。这样，你就可以改变自己。

心理排练

为了提高他们的技能，世界级的运动员总是纠正以往比赛中曾经犯过的错误。曾经有位网球选手由于反手失误，让他最终失去了某项大赛的冠军头衔。为了纠正他的反手失误，在他心里，曾多次回到那个关键时刻，反复练习，如果当时他没有失误会怎样。他重现了当时手腕的力量，他的视线、球和时机，他还想象他的情绪处于放松戒备状态。他看到自己是处于注意力专区内的，并顶住了来自比赛的压力。次年，经过苦练，他最终赢得了这个大赛的桂冠。

大脑成像的研究表明，心理排练是行之有效的。值得注意的是，当运动员和音乐家进行心理排练时，他们大脑的活动方式与他们实际训练时的方式是一样的。矫正式的心理排练是一种被普遍接受的方法，你也可以尝试一下。你可以在第七章钥匙串7中了解更多有关心理排练的知识。

当要控制自己的注意力时，焦虑总是让你难以集中。焦虑让你的去甲肾上腺素飙升，让你偏离了注意力专区。焦虑成为一种自我实现的预言。两个著名的例子是数学焦虑和考试焦虑。你越是担心正确的答案，就越容易分心，越难以集中精力得出正确的答案。

这种情况在日常生活中比比皆是。焦虑降低了你的注意力，同时注意力的降低又引起了焦虑。你是否有聆听别人的经验：在他谈论的时候，你可能会分心进而错过了他刚说的内容。因为你不知道到底错过了什么，于是你感到了焦虑，但是这种焦虑反过来让你更难以集中。抗焦虑钥匙串有三把钥匙：现实检查，制订计划，替代思想。

> **钥匙串4　抗焦虑**
>
> ⊶ 现实检查
>
> ⊶ 制订计划
>
> ⊶ 替代思想

⊶现实检查

玛丽是家族中第一个上法学院的。她是一个勤奋的学生,并取得了优秀的成绩。她还记得毕业的那一天:倍感骄傲的父母、祖父母、阿姨、叔叔、表兄弟等都来参加她的毕业典礼。几个月后,玛丽没能通过律师资格考试,她感到很难过。尽管自己已经很努力了,但是巨大的考试压力让她焦虑不安,最终在压力下,她被考试打败了。

玛丽还是找到了一份不错的工作。她所在的律师事务所很支持她的考试,还专门出资找到辅导老师来帮助她通过资格考试。随着考试日期的接近,玛丽越来越紧张。她不停咬着手指甲,而且在学习的时候难以保持注意力集中。她的问题是难以集中精力复习,而且这种状态使她感到更加焦虑和自我怀疑:到底自己有没有能力通过这个考试?她的一位同事建议她来找我,解决她的焦虑问题。

第一个步骤,我来检查玛丽的焦虑程度是否在正常的范围之内。玛丽承认,她是认真的、成功的好学生。虽然她总是在考试前感到紧

第六章　面对恐惧

张，但这不影响她的发挥，在重要的法学院入学资格 LSAT 考试中她取得了很好的成绩。她承认，对自己是否有能力通过律师资格考试的担心是不理智的，因为现实生活中她是足够认真、聪明的学生。她相信，如果有足够的时间来学习，她是可以通过律考的。但是玛丽曾经因为焦虑而没有通过考试，她似乎无法控制自己的焦虑。如果这次她还是没能控制自己的焦虑怎么办？她对自己的担心似乎是有道理的，因为有现实生活中曾经发生过的事情为依据。

合理或不合理的恐惧？

打败焦虑的第一步要求你自我观察。像玛丽一样，假定你有个坚实的基础，你会怎么做？大自然赋予了我们去甲肾上腺素是有原因的。在《求生之书》(*The Gift of Fear*)中，法医心理学家盖文·德·贝克尔（Gavin de Becker）博士展示了暴力犯罪的潜在受害者如何一次次地在"感觉不对劲"中发现了潜在的危险，并挽救了生命的故事。

但今天，媒体上展示的恐惧掩盖了真实的危险迹象。我们已经变得不那么敏感，因为看了电视中太多的轰炸场面，灾难和暴力已经在我们脑中留下了深刻的印象。每天晚上，尽管我们安全地在家待着，但是我们的眼睛看到的却是现实的恐惧。你需要强大的自我观察来打破这种数字时代的非理性恐惧所带来的恍惚。

就像脑中的去甲肾上腺素一样，焦虑是会蔓延的。大脑情绪区域的边缘系统使得额叶持续产生焦虑的思想。虽然曾做过专业的逻辑分析，玛丽的不合理的恐惧还是促使她做出了不必要的假设：律考失败，意味着她没有这个能力；她是家族中唯一达到如此高水平的人，因为这实在是太难攀登的高峰；当她复习的时候，总是想到这些假设而影响了她智力水平的发挥。

当你将恐惧的基础与现实相比较的时候，坚持理性思考，你将会打破这个怪圈。玛丽让自己回想过去的成功。她迫使自己看到，自己足够聪明并可以通过律考这一假设是合理的，而不合理的假设是认为她难以通过律考。对付焦虑、担心、内疚或恐惧的第一步，是要区分它们合理还是不合理。

感到忧虑是正常的

当玛丽自我观察出考试焦虑后，她决定面对，因为这种担心是合理的，而且会引起自己对这件事的关注。她还意识到内心深处一直不愿意面对这种焦虑，因为担心自己毫无招架之力。她知道如何学习，但她不知道如何摆脱她的恐惧。她的潜意识只是试图帮助避免她的恐惧：为什么沉溺于自己相信无法控制的事情？这就是为什么现实检查是很重要的：让你的意识来决定什么是正常的焦虑。

这是"合理"的吗？

在法庭上，当某个案件正好处于不同意见的灰色地带时，核心问题是："一个理智的人应该怎么办？"同理，当你使用现实检查钥匙进行自检的时候，你要问问自己："这是合理的还是不合理的？""一个正常人会给出什么样的答案？"当你检查过所有的情况后，你的自我观察会分辨出你的焦虑是否是正常的。非理性的焦虑、担心、内疚和恐惧通常都有现实的基础，但是却被极度夸大了。造成的原因可能是你的文化、情景或误解等。

虚假警报

戴夫得知自己有惊恐发作症时感到很震惊。他觉得心悸，手

第六章 面对恐惧

心出汗，身体抖动，其实这些来源于他的心病。

惊恐发作症和恐惧症是常见的由不合理恐惧导致的极端情况。戴夫和其他许多企图克服惊恐发作症的人一样，认识到其不合理的恐惧让他们难以正常生活。戴夫了解到，人的恐惧感就好比火灾报警，从轻微的忧虑到让人恐惧的恐怖活动等，去甲肾上腺素都会刺激感受。如果你的感受是真实的，就像即使没有火灾你也听到了真实的火警警报声。但是如果在生活或工作中，你总听到某地经常性地误报火灾，渐渐地你会接受经常有警报声响起，听到警报声而不会感到害怕。戴夫练习适应有警报声但是无火灾的情景。他甚至还在心里画了一个场景，一群调皮的孩子敲响了警钟，逃离了现场，并相互取笑。这个有趣的心理场景打破了他自己的紧张心情。

非理性的恐惧就好比失灵的警报器。你的大脑有时候会处于短暂错误状态，发给你一个虚假的火警警报声。

制订计划

理性的焦虑

如果你的焦虑有一个正当的理由，那么做一个简单的书面计划来加以处理。一个好的计划有三个特性：（1）可行；（2）具体；（3）积极。下面是一个简单测试，看看你是否有一个好的计划：当你看到它，你会觉得是负担还是希望？

玛丽的合理焦虑是害怕紧张将再次干扰她的律考发挥。决定面对这一焦虑后，玛丽首先分析了使她感到不安的原因。其他学生一样有这个压力，玛丽意识到她的压力大部分来源于律考已经成了一个公共事件。如果私下里没有通过考试，她也不会觉得没面子。但是现在大家都会知道你是否通过了考试。玛丽知道自己好面子，因为她的经历让自己无法在众人面前承认自己是不完美的。

玛丽意识到令她得意的毕业、成为家族的骄傲成了她的一种负担。她也给自己施加了更多的压力，让自己通过律考。同时，她家里人也特别支持她。在考试前一两天，他们都会给她打电话祝她考试顺利。但这种善意的电话产生了截然相反的效果。玛丽的肾上腺素会骤增而不是下降，因为她感到巨大的压力。

玛丽还认识到，这一次她的公司出资请辅导老师给她补习，要达到别人的期望又让她感到巨大的压力。她不想辜负她的家人或她的新雇主。她觉得她有义务让公司投资在她身上的金钱有所回报，否则她担心人们认为她是没有价值的。

随着考试日期的临近，玛丽开始感受到越来越多的焦虑，但是这一次她主动认为这是一个机会，而不是一个问题。她的做法是通过心理排练法来减少心中的焦虑，她在心里排练考试的场景。

玛丽准备了一个包括三部分内容的计划：（1）减少来自其他人的压力；（2）复习时要保持自己的注意力；（3）在心里排练考试时的注意力情况。她用一些关键语来编写她的计划。这些短语包括以下内容：

（1）降低来自其他人的压力。

- 接受现实，这就是一个公共事件，并认为这是一个动力而不是一种负担。走路的时候口袋里总是有这样的纸条："我现在是在一个大联盟里。"
- 提前给家庭成员打电话，感谢他们的支持，告诉他们自己会在考试后再打给他们，然后屏蔽掉所有的电话。

- 感谢上司对自己的信任。当我想到他们时,"他们相信我。我也相信自己"。

(2) 复习时保持注意力高度集中。

- 在书桌前,画上一个巨大的数字"5",提醒自己理想的肾上腺素分值。需要的时候稍微休息一下。
- 在电脑屏幕的左下角贴上标签,提醒自己要练习四角呼吸法。
- 写下有益的自我暗示:

"我很自豪能够有资格参加律考。"

"尽管重考的代价是高昂的,但绝对不是一个悲剧。"

"我是考试能手。"

(3) 在心里排练考试时的注意力集中情况。

- 从在教室里准备考试开始。在做四角呼吸的同时多次对自己说"我可以做到这一点",然后做好准备,集中注意力。
- 此时已经开始考试了。根除以前考场上的想法:"要是我再多学点就好了"或者"我可能永远也不会做",将其作为一个线索立即返回现在的情况。看到自己指向需要阅读的地方,静静地按照提示逐字阅读。
- 每次做考试练习题的时候,就要进行上述两个心理排练。

非理性的焦虑

如果你的焦虑没有正当理由,仍然可以写一个简单的计划来处理它。计划的第1步永远是相同的:告诉自己这是不合理的,并用合理的内容代替。第2步将永远是相同的:放松。第3步还是相同的:自己重新设计一个有建设性的可以投入的活动。

玛丽不合理的恐惧是认为自己不够聪明,以致不能通过律考。下

面是她对不合理恐惧的三步骤处理计划书:

第1步。写下有这种想法的原因,写下相反的想法并做成小卡片放在触手可及的地方:

非理性:第一次失败意味着我以后也不能成功通过考试。

理　性:第一次失败只意味着我的第一次失败。实际上这对我而言也是一个优势,因为我知道自己的期望是什么。

非理性:家族里没有人取得像我一样的成绩,因为家族没有聪明的血统。

理　性:其他人可没有我这么幸运,我的家人很聪明。因为他们养出了拿到法律学位的孩子。

非理性:复习的时候没有集中注意力,意味着我的智力有限。

理　性:当我注意力难以集中的时候,我需要做点其他事情来保持注意力,也许是该休息一下了。

第2步。采用四角呼吸法,让我的肾上腺素分值低于5分。

第3步。坚持不断学习。如果其他人开始谈论这个考试有多难,那么尽快改变话题说点其他的内容。

玛丽已经通过了律考,现在她每年会返回母校去帮助其他同学通过考试。

☛ 替代思想

在潜意识中,禁果格外甜美。尽管对自己的想法进行了否定,但是在脑海中我们已经直接到了禁区。高尔夫球手期待听到惊喜的时刻,他们告诉自己,"不要将球打进水里"。实际恰恰相反,好的球员会悄悄地指示自己,"保持直球",然后想象他们的球直接越过果岭。

你不能设想自己"没有做到"的事情。如果你在练习冥想,试一试让自己的想法"一闪而过"。但是你努力不去想的事情总会发生。现在来试试,不许想车。不管你在做什么,都不要想车。结果呢,你想到哪种类型的车子了呢?

在替代思想中,你试图用别的想法来摆脱现在不必要的思想。来试试这个,想想船、自行车和飞机。或者你想想火车,为什么它看起来和听上去都像在轨道上行驶的汽车呢?其实或多或少地,你现在正在想一辆汽车。

替代方法是有效的

替代思想只有在新想法和原来的想法对你产生了同样的刺激水平时才是有效的。玛丽一感到焦虑,就马上开始背法条。她审视自己的问题而将担心拒之门外。随着考试的临近,她更加仔细地审视自己,比如在杂货店里等待结账的时候,她空闲的大脑也许会想到担忧的事情。她随身携带着学习卡片,在这种时候她就会拿出来看上一会儿。

分心管理

有时候,寻找新想法来替代旧想法可能是一个挑战。为了与自己的焦虑斗争,你需要一个极具吸引力的活动。在前一章,你曾读到一个很好的例子,就是让儿童在等待手术的时候玩电子游戏。当然孩子们正在家里写作业的时候,父母们是不会让他们打游戏的,因为这会极大地分散他们的注意力。但是,等待手术的时候是可以的:电子游戏吸引了他们的注意力,并成功地阻止了焦虑。

分心管理是指有意识、有策略地与焦虑或无聊做斗争。长跑运动员会使用这种方法,当身体极其疲劳的时候,想象自己在一个遥远的国度。这与逃避或拒绝是不一样的。分心管理是一种有意识的选择,是一种替代思想。

控制或无法控制?

这里最关键的问题是决定是否采用不同的思想或行动:针对我的问题,有什么我能做的吗?如果答案是肯定的,那么就去做。修改你的计划,或提出新的计划。如果答案是"否",则考虑用替代法。

玩电子游戏的孩子没有其他的选择。他们不能去任何地方或改变自己要动手术的事实,他们需要接受手术。替代思想是他们最好的选择。

替代思想,特别是分心管理,是奥运健儿的一种重要的心理策略。试想 2002 年盐湖城的冬奥会中滑雪选手的速降困境吧(在冬季奥运会中这种困境发生率很高)。在比赛当天,他们整装待发在集合点汇合,在那里等待了几个小时,根本不知道他们是否可以顺利比赛。最后,当天的比赛由于强风而取消了。第二天,他们不得不重复昨天的行动。选手不得不在一个没有窗户的山上小屋里等上好几个钟头,等待比赛的开始。有时他们会通过相互交谈来打破紧张的气氛。有时他们则沉默地坐着。但是,在每一个时刻,他们都需要准备进入其速降的注意力专区,做出最佳的表现。

这些滑雪者已接受过应对这一刻的精神训练,知道什么样的想法可以提高或降低其肾上腺素的分值。有时,像长跑运动员一样,他们用替代思想,想象自己是在其他时候做着其他事情。这种技巧也被称为"分离思维"。有时候他们将自己想象为当前的中心,这就是所谓的"联想思维"。他们每个人都需要经常通过心理排练法来引导自己的心理预期，使自己的肾上腺素保持在一个理想状态。想想你自己吧，如果你当时在山上的小木屋里，你会采用什么样的方法来放松和刺激你的神经呢？

"2号发动机已经失灵"

利用替代思想的关键时刻，是考试或其他重大事件前的夜晚你清醒地躺在床上的时候。这时候，关键的问题是："我能做些什么呢？"只有一个答案：去睡觉。你需要用睡眠诱导法来取代心中的担忧。但这是一个巨大的挑战，因为你不能采用刺激的方法，否则肾上腺素的飙升会让你越来越清醒。你只需要运用下面举例的放松性、创造性的方法：

> 卡伦是个聪明勤劳的女人，当她35岁时，她已经是一对10岁双胞胎的母亲，她决定重返学校读MBA。由于生活中责任繁重，她几乎没有多少时间用来读书。考试的前一晚，卡伦在床上辗转反侧，想着她应该再看一会儿书。如果她睡着了，她会很快醒来，感觉焦躁不安。

我给卡伦的建议是不要跟头脑中的自我想法争论，要向她的潜意识表示感谢，因为潜意识提醒她可以有更好的准备。我要她安抚自己的潜意识，让潜意识明白她虽然同意再学会儿，但是现在已经足够了。然后，通过让她保持平静，减少她肾上腺素的分泌，让她睡个好觉。

卡伦很喜欢这个建议，回家就执行。方法确实很管用。在这样的夜晚，她编写了一个故事，利用它来让自己更加平静：

> 我想象自己是个船长。我的第一个船员走过来，告诉我："2号发动机失灵了。"我首先感谢这个船员，让她知道，我意识到了

这个问题。我告诉她该船是安全的，我会处理这个问题。另一位船员告诉我："2号发动机失灵了。"我以同样的方式感谢了他，并提醒他，我们以前行驶的时候一直是没有这个发动机的。还有更多船员告诉我2号发动机的事故。我说："是的，我知道。感谢你们告诉我。"并请他们离开。最终的结果是：大家都知道2号发动机失灵了，现在我们的船长可以安心休息了。

有两个好机会可以让你保持沉默：当你在水下时和当你生气时。你应该知道自己生气的时候是一副疯狂的样子。你态度强硬、一副"我是对的"的样子。但是过后，等你冷静下来，你会意识到自己的想法可能不是唯一正确的观点。

当你生气时，你觉得自己的注意力是敏锐的。但实际上，你的注意力是狭隘的，你可能忽略了很多重要的东西，尤其是你伤害自己或他人的许多举动。愤怒在你毫无察觉的情况下吞噬了你的注意力，你对自己的愤怒听之任之，不管不顾。事实表明，你越生气，就越会认为自己有理。如果你与其他人争吵，愤怒将会吞噬你们两个人。

在《情商》(*Emotional Intelligence*)这本书中，丹尼尔·戈尔曼创造了正确描绘这种状态的词汇："类扁桃体占领"（amygdala takeover）。"类扁桃体"是脑部成熟的边缘系统的守门人。这是一个杏仁大小的神经元，它的任务就是找出危险。"类扁桃体"会对所有威胁做出反应，好像它们都是生死攸关的一样。它还劫持其他脑区来做出战斗式的反应。如果它战胜了你头脑中的理智，它就会迫使你大脑的首席执行官认为愤怒有理，并创造出新的更好的理由来赢得这场斗争。强度控制钥匙串教你如何保持大脑的"首席执行官"的掌控权力，以及如何在"类扁桃体"小规模侵蚀你的理智时进行救援。强度控制钥匙串上有三把钥匙可用于自我调节：降温、揭开恐惧的面纱、自信的技巧。

第六章 面对恐惧

> **钥匙串5　强度控制**
> ⊷ 降温
> ⊷ 揭开恐惧的面纱
> ⊷ 自信的技巧

⊷ 降温

托尼是一个商业房地产开发商。他总是在挥舞他的拳头。每当一个大项目接近尾声或气氛紧张的时候,他总是很容易生气。由于在工作中不能发脾气,他回到家里易怒,很容易在与妻子讨论如何教育他们处于青春期的儿子时大吵一架。结果呢,可想而知,当他发火的时候,他的家人都跟他保持距离。所以当他需要家人支持的时候,托尼总有种被抛弃的孤独感。

如果离开家的时候与妻子吵了一架,托尼会默默地感到愤怒与怨恨。如果他向儿子发火的话,则会陷入深深的无奈和内疚。无论哪种方式,在办公室待了好几个小时以后,他的去甲肾上腺素还是超高,让他不能对生意上的事情保持足够的注意力。

在一段托尼脾气特别坏的日子之后,托尼的妻子坚持认为需要寻求专业人士的帮助,这也是托尼来见我的原因。托尼开始自我审视了。他学会退后一步,看到工作压力让他成了一个暴脾气。他希望记录自己的肾上腺素分值,但是当他发脾气的时候,托尼仍然有理由为自己的愤怒辩护，因为他认为这样做是对的。当他的去甲肾上腺素开始分泌的时候，他会理所当然地认为，"在这所房子里，这些汽车和所有他们想要的东西是从哪里来的？还不是因为我的辛勤工作？是我的工作让我变成这样的，为什么我的家人就不能体谅我呢？"

最后，在他最愤怒的时候，托尼终于意识到，他的愤怒根源在于害怕失败，而不是担心家人不理解他。当一笔大交易难以成交，有很大的风险时，他感到前所未有的压力。他对别人说的话所引起的情绪反应被无限放大了，一点小事就能引发他的愤怒。托尼已经了解到这种现象是类扁桃体占领了理智，他称之为"红色警报"。他自己提出了规则，那就是当他看到"红色"的时候，就闭上眼睛，深呼吸，然后出去一下，并告诉大家他过会儿就回来。然后，他会坐在他的车里，听一些音乐，直到他逃离了"红色"。

冰敷

当你受伤的时候，你必须停止正在做的事情，采取冰敷来消肿，以减少身体损伤。当你情感受到伤害的时候，也要采取同样的措施。觉得自己的尊严受损时，你发怒了，但其实很容易造成比原来更大的损伤。你必须停止，并采取类似冰敷的方法来消除愤怒。你必须摆脱一切挑衅，采取降温的措施。这将减少对你自己和家人的情绪损伤。

当托尼的妻子说了什么让托尼排斥的话，或儿子做了什么他认为是不敬的举动时，托尼马上觉得在情感上受了伤。托尼没有采取降温措施，当他受到伤害时，他的家人则受到了更大的伤害。他说，很多时候他伤了妻子的心，向儿子大声嚷嚷，儿子竟然计划离家出走。他在逐步破坏自己保持注意力的能力。

一旦托尼在自己感到受伤害时采用冰敷法，他就能阻止破坏的蔓延。当他坐在车里听音乐的时候，他的去甲肾上腺素降低，他的肾上腺素分值下降，他大脑的"首席执行官"重新控制住了局面。他从妻子的视角来看待自己，回忆起以前她确实是在他身边鼓励他的。他还记得，自己像儿子那么大的时候，也是一样调皮捣蛋。

压力放大了情绪

坐在车里，托尼认识到，工作的压力是真正造成他情绪反常的原因。我们如果反应过度，那是因为我们正感到紧张，去甲肾上腺素水平的提高改变了我们对事物的看法。有时候，一个我们经历过的很小的问题可以被无限地放大。像《豌豆公主》的故事：公主觉得厚床垫下的一个小豌豆犹如一个大肿块，这使她整个晚上难以入睡。这就是压力放大了情绪。其实压力就是一个小豌豆，但你就是不能将其赶出你的头脑。这是一个障碍，直到你让自己的情绪平稳下来，看到自己的问题。

当托尼冷静下来时，他不再通过放大镜来看待每次误会。当他离开办公室时，他还养成了一个新的习惯。如果此时他的肾上腺素分值太高，他会在回家之前在练习场上打几杆高尔夫球，这样一来，他的肾上腺素分值就下降了。所以，当他回到家中，他就可以享受与妻子和儿子相处的时光，而不被办公室情绪所左右了。

保持冷静的小贴士

"数到 10 的时候情绪会平静下来"这一说法是有科学依据的。你的心理活动会打破你的斗争状态，并让你的大脑"首席执行官"重新掌握你的理智。简单计数行为已经足以让你的肾上腺素分值回落。下面也有些同样有效的方法：

- 轻轻哼唱一首歌（哼唱一下，直到你能想到歌词为止）。
- 双手紧紧合拢，然后盯着你紧绷的手掌。
- 闭上眼睛，并想象你置身于大自然中。
- 从 100 倒数。
- 想想今天的日期或者想一下你昨天的晚餐是什么。

如果你还是处在崩溃的边缘，沉溺于刚才的事情而不能自拔，那么跟托尼学学，休息一下，听听音乐。

战斗状态的反应是你的肌肉紧张，而且很容易冲动。到目前为止，最好的控制脾气的方法是体育锻炼。跟托尼一样，去练习场上打几杆，确实是个控制脾气的好方法。如果你能暂时离开让你发怒的地方，出去跑一圈或者去健身房，那么回来的时候，你的大脑将比之前更加清醒，那时你大脑的"首席执行官"已经完全控制了你的理智。

揭开恐惧的面纱

为了阻止愤怒再次发生，你必须面对让你愤怒的缘由。有时候，适度的担心是合理的，但有时候却是不合理的，尽管你当时隐藏了害怕的理由，但是它并没有消失，愤怒就是恐惧的化身。

一旦你冷静下来，就可以更清楚地看到你的恐惧。恐惧可以是身体上的威胁，也可以是少年时代在喜欢的人面前犯傻。在当今世界上，我们都有一些共同担心的问题。

在工作中，恐惧通常都与金钱、时间、地位、尊重、安全等方面的损失有关。假设你的老板在进行一个你不太赞同的项目，于是你很容易就愤怒了。其实，内心深处你可能是害怕：

- 努力工作却拿不到奖金。

- 在周六加班。
- 丧失向上晋升的台阶。
- 你以前的专业知识并没有受到重视。
- 他们准备将你的工作外包出去。

在内心深处,愤怒的父母担心的是自己孩子的幸福。他们害怕:
- 孩子身上发生不好的事情。
- 对孩子身体的误诊。
- 孩子不成功。
- 孩子受到不公平的对待。
- 他们作为父母犯了错。

愤怒的情侣通常担心被遗弃、被算计,或被拒绝,他们会害怕:
- 对他们很重要的人离开或背叛他们。
- 他们的关系停滞不前,不符合以前的预期。
- 只是一厢情愿地认为某人对自己很重要,但是对方却没这么认为。

向父母发脾气的孩子往往是害怕被控制。当他们向自己的朋友发火时,是因为他们害怕被拒绝、被侮辱,或丧失现有的地位。在他们玩游戏的时候,孩子们总是会在对方拒绝自己之前拒绝对方。他们会经常因为谁最受欢迎而争个没完,有些孩子的愤怒是为了掩盖他们害怕被拒绝的尴尬。

其他常见的担心还包括:害怕犯错误、害怕事态的发展难以控制、害怕今天的表现不好。生活充满了混乱和误解。如果你过度对自己和他人加以评判,那么你也容易愤怒。在内心深处,你害怕被责怪,尽管你往往是那个责怪别人的人。

清楚地认识到自己内心深藏的恐惧可以让你大脑的"首席执行官"重新掌管职责。当你发现内心的恐惧时,你的"类扁桃体"则逐渐不再起作用，这时你的头脑重归理智。与"类扁桃体"不同的是，大脑的"首席执行官"会分析你恐惧的缘由，加以处理，因此这个恐惧的理由再也不会让你感到怒不可遏了。

⌇自信的技巧

有一次在电视上，我看到学龄前儿童就某新闻事件接受采访，一个孩子被问道："你认为为什么人类会打仗呢？"孩子的回答是简单而深刻的："因为人类用错了他们的语言。"

自信的技巧是指用自己的语言捍卫自己的权利，而不侵犯别人的权利。你的目标是有效表达自己的诉求。你不去欺负别人，同时也不能被别人欺侮。自信的技巧可帮助你在满足自己诉求的同时，不去欺侮别人或向别人大发脾气。下面是一些例子。

你的老板拒绝听取你对一个项目的看法：

> 被动的攻击——你保持沉默，但是情绪已经逐步失控
> 敌意的攻击——你很愤怒并干脆不干了
> 自信的技巧——你提议开一个小组会议来讨论这个项目

在心目中对你很重要的人（如爱人等）做重要计划前没有跟你商量：

> 被动的攻击——你按照计划行事，但态度很冷淡
> 敌意的攻击——你气炸了，摔门离去
> 自信的技巧——你自行决定什么是你想做的事；不管是否参与，你将与爱人进行沟通和讨论

你的孩子在电视机前看个没完：

被动的攻击——你不想阻止你的孩子,但是任由其看电视让你总觉得恼怒并想借题发挥教训她

敌意的攻击——你冲她大喊,并威胁她一周都不能看电视了

自信的技巧——你走进房间,和颜悦色地问孩子是不是应该停止看电视了,如果孩子认为大人也应该停止看电视,那么你就停止看电视好了

提出请求

当你愤怒的时候,很难用自己的语言来解决问题。你脑中的"类扁桃体"已吞噬了理智,让你更加怒不可遏。你大脑的"首席执行官"这时候可不起作用了,因为"类扁桃体"正迫使你愤怒并让你的去甲肾上腺素飙升。你关注的焦点则是狭隘的,并很快想"这个家伙是一个混蛋",而不是"我不知道是否还有别的方法解决这个问题,也许我可以与组里其他人谈谈"。

当你感觉受到挑衅时,下面是帮助你组织语言的模板,你也可以再添加项目:

1. 陈述事实。
2. 说出你的感受。
3. 站在他人的立场上看问题。
4. 提出自己的诉求。

比方说,跟自己顽固的老板好好谈谈:

1. 这种新的软件项目还有没有列出的困难和费用要求。
2. 因为我还是很关心这个项目,所以我无法置之不理。
3. 我理解您认为这个项目有巨大的成功潜力。
4. 让我们安排一个小组会议,听听其他人的看法。

当你是抓狂的家长时：

1. 已经晚上9点了，你还在看电视，我们都知道应该关上电视机了。

2. 我不喜欢强制执行的规则，你要知道应该是由你自觉遵守。

3. 我知道你想继续看电视，因为你今天很累想放松一下。

4. 你自己来关电视机还是愿意让我替你关上？

当你的爱人在做重要计划前没有征询你的意见时：

1. 我看你已经安排好与史密斯他们再打次高尔夫球。我会去的。

2. 我希望你知道，我不喜欢你没跟我说一声就跟别人约定好我们的行程。我感到自己好像不被你重视。

3. 我知道你想多参加些社交活动，做对咱们双方都有益的事情。

4. 下一次如果史密斯或其他人问你，告诉他你要跟我先商量一下，再给他一个回复，好吗？

步骤3有助于分析当时的情况。当你以其他人的眼光来看待问题的时候，他人会感到认同，也许他也会跟你一样，试着从你的角度去看待问题。这卸下了其他人的防御，并让你的大脑保持理智。

一定不要在步骤4一开始使用"但是"这个词，一用这个词，步骤3所说的就没用了，等于没从别人的立场看问题，相当于说："我从你的角度看问题，但现在我根本不相信。"

设定自己的底线

科技赋予了我们前所未有的能力。随着鼠标的点击，你就可以购买和出售股票，与在另一半球的新朋友聊天，或在网上发帖让全世界都看到你的观点。但是，有时候科技也是把双刃剑。在讲座和研讨会上，人们告诉过我，"当今社会有太多的压力，因为你不能忽视你的电子邮件,必须随时带着手机","我没有任何私人时间了","我觉得自己的自由已经被侵犯"。

当有人问:"你为什么不接手机?"我们需要一个借口——"我在开会"或"我的手机没电了"。我们应该知道,我们有权关闭自己的手机。享有发达的科技,并不意味着我们必须在所有的时间里都使用它。

要划清界限。如果有人"指责"你不接电话,不要感觉你好像亏欠他,应该向他道歉。自信的技巧意味着理解和明白自己的权利。

设置自己的底线可以让你保持注意力集中。你不太可能会因不知所措或被挑衅而发怒。你不再会在被多次打扰后大发雷霆,因为设定了自己在何时需要相应的对策,你根本不会等到事态发展到难以控制时才采取措施。在第十章里,你将了解更多小技巧来应对工作中的干扰。从现在起就开始以有效的方式说"不"。

你可以设定底线。将手机设置为静音。屏蔽找你的电话。在即时通信工具中切换到脱机离线状态。在门把上挂上请勿打扰的牌子。这时如果有人打扰你,试着采取下面四个步骤来提出要求:

1. 我需要完成一个报告。
2. 我已经有点来不及了。
3. 很高兴见到你。谢谢你来看我。
4. 我们能否明天再详谈?我需要完成工作然后回家。

害怕错过

自信意味着能够对他人说"不"。这需要你先对自己说"不"。当你的手机响起时,你会感到一种轻微的情绪震动并想接听。手机响的时间越长,你越害怕错过了什么。

我在大学里做实验的时候,第一次意识到"害怕错过"的存在。

学校提供了大量的活动：讲座、音乐会、体育项目、聚会等。学生们没法全部参加，尽管很多时候是很希望参加的。结果呢？他们睡眠不足，该交作业的时候感到极度紧张等。我曾遇到过这样一个大学生，她总担心错过品尝美食的机会，因此难以拒绝别人给她的食品。

你可以看到，父母在为孩子安排放学后和夏令营的活动时，总是害怕错过了什么。在我的孩子成长的过程中，我也曾是个"害怕错过"的母亲，督促孩子们去踢球、跳舞、练习陶艺、游泳等，希望他们不会输在起跑线上。专家说女儿现在应该学琴了，她现在应该吗？现在是不是学习第二语言的关键时期呢？到底应该学哪个呢？

大学生们是从父母身上学到了"害怕错过"的担忧吗？还是说"害怕错过"是我们今天高速运转的、信息丰富的社会文化导致的结果？

由于有很多高刺激的选择，"害怕错过"是很难避免的症状。它总是在你的思想中引诱你：在我的300个电视频道外是不是还有更好的节目？它让你总是关注电脑下方弹出的即时信息或者新邮件提醒：是不是有什么新的消息？股价波动的话，我怎样才能比其他人出手更快？它让你不断观察谁在线上：是不是好朋友们正在闲聊，而我却没有参与？

当你自信满满的时候，你就不会让"害怕错过"的情绪来控制你。你不再总想着别人比自己更快乐，别人比自己更富有，别人比自己更受欢迎。你问自己"什么是我最想要的？"当你的手机响起时，应该问的唯一的问题是："我现在想接这个电话吗？"

如何说"不"

我们都有过度劳累的时候。产生的原因很多，产生的时间是短暂并难以估量的。没有人愿意让别人失望或放弃某个机会。这就是"害怕错过",一种内疚感,或者仅仅是太过善良。但是你可以学习和练习说"不"。这里有一些帮助你开始说"不"的小技巧:

- "我已经有太多的事情了。不过谢谢你能想到我。"
- "我希望我可以做到。但是恐怕这次不行。"
- "我现在已经有好几个正在做的项目了,恐怕我分身乏术。"
- "我真的在赶时间。我得通过考试。"
- "我的行程已经太满了,无法再加上其他的事情了!"

也许最广为人知的自信的技巧是简单重复法(broken-record technique)①。让我们来举个小例子。比方说,有人突然进入你的办公室,很想让你与他一起休息闲谈一下:

> 同事:"嘿,让我们去喝杯星冰乐饮料吧。当你回来时,你会很快完成手头的事情的。"
>
> 你:"不用了,谢谢。我要继续工作。"
>
> 同事:"来吧,你已经很努力地工作了,你需要休息一会儿。"
>
> 你:"不了,真的,我要继续工作。"
>
> 同事:"来吧。让你的眼睛稍微休息一会儿。"
>
> 你:"谢谢你替我担心,但是我需要继续工作。"

简单重复法的反复强调部分内容要简短,你没有必要解释所有的细节——当时的情况,或者带着过于抱歉的态度——只通过简洁的沟通,却能让你和同事都感到舒服。

简单重复法是一个工具,而不是武器。要以耐心和愉快的口吻说

---

① 原意是一张坏了的唱片,引申为反复讲同样的话。——译者注

话，而不是粗鲁或嘲讽的语气。试着把话题转到你能做的事情上：

> 同事："嘿，让我们去喝杯星冰乐。"
> 你："今天不行。星期五怎么样？"

或者：

> 你："我不能出去，但我可以先送你到楼梯口。"

当你提出一种替代办法，就会淡化说"不"时自己和别人的失望。这实际上是另一种替代思想法：你想你可以做的事，而不是想你现在不能做到的事。

转移难以集中的注意力，专注于对未来的期许是治疗"害怕错过"的一剂良方。当你需要对自己说"不"的时候，把你的注意力转向你可以说"是"的方面。试着告诉自己：

- 我现在没有时间打电话，但这个周末我会给朋友打电话。
- 我不能去喝星冰乐，但是我完成这条编码后，我会去喷泉边休息一下，舒展自己的身体。

展望未来

你现在已经掌握了一系列的情绪调节技巧。第七章介绍了心理调节技巧。你将了解更多的认知策略和一串新的钥匙，好打开自己愿望而不是恐惧的大门。

第七章
心理调节技巧

> 大自然是神奇的，它具有天然的组织性和创造性。
>
> ——无名

在第五章和第六章中，你学到了当你无聊或过度兴奋的时候找到注意力专区的技巧。你学到了如何阻止情感边缘系统从你大脑的"首席执行官"手中夺权。在第七章和第八章，你将学习心理调节技巧，来使自己保持在注意力专区中。你会加强头脑中"首席执行官"的能力，让它来快刀斩断令你分神的东西，好让你只关注手头的事情。

什么是心理调节技巧？

心理调节技巧是用你自己的方式来实现自己诉求的技巧。解决问题的大脑"首席执行官"是最新的、最敏感的脑区，也是你的优势所在。强大的心理调节技巧可以提高它的"行政职能"：决策、规划、论证，反过来这些又增强了你的自信。心理调节技巧需要在反复实践中培养。这就是为什么说可持续的动机很重要。

本章的重点是认知策略：帮助你用有益的想法取代无益的想法。"认知"这个术语取自拉丁词cognoscere，原意是"去了解"。在心理学中，认知涉及人类大脑可以了解的许多方面，包括感知、理解、学习、推理、规划等。具体和抽象思维的认知，也被称作"元推理"，其中包括信念、意图和愿望。

"嘿，等一下，"你可能会问，"这是不是一种'渴望'的感觉，而不是想法？"事实上，欲望就是我们的感受和想法。虽然你不能直接改变欲望，但你可以改变认知方法。

亲身实践一下吧。你跟很好的朋友发脾气了。现在你应该想到的是这个人的优良品质。把它写下来，让自己看到，而且边写边读。想想你们在一起的美好时光。想想这个人给你的礼物，可能是有形的礼物或他曾经对你的帮助。你是否注意到此时你对他的怒气已经不那么强烈了？

让我们分析一下，当你完成这个练习时，你大脑的思维活动是什么样的。通过引导对这个人的积极思考，大脑中掌控问题解决的"首席执行官"将呼吁你的情感边缘系统重新考虑与这个人关联的情感。你的边缘系统相互配合，并形成"可爱"超过"不可爱"的通路。可能你仍然有些恼怒，但比刚才少多了。对这个朋友的情感诉求形成了你刚才的想法和感受。

欲望是重要的认知，因为它是可持续的动机。它刺激恰当的脑部化学物质的产生，好让你保持注意力集中。

动机是欲望，而不是恐惧

当你处于注意力专区的时候，你大脑中的化学物质达到平衡，使你保持注意力集中（详见本书的第四章）。你既放松（复合胺增多）又戒备（多巴胺增多，去甲肾上腺素小幅增多）。

多巴胺和去甲肾上腺素都是提高注意力的刺激（实际上，多巴胺是去甲肾上腺素前体）。但是，这两种激活大脑的化学物质工作原理是非常不同的。多巴胺与目标和激励相联系，由渴望驱动。去甲肾上腺素则与对威胁的感知和恐惧驱动相关联。它引发的是斗争或抗争反应。

去甲肾上腺素的注入会让你活力四射。一瞥时钟，最后期限马上就到了，这会刺激你加快工作速度。但太多的去甲肾上腺素会伤害你。大脑化学物质的相互作用是非常复杂的，以下是简化的"大脑中的化学物质"一览表（见表7-1）：

表7-1 大脑中的化学物质

	复合胺	多巴胺	去甲肾上腺素
作用	平静	刺激	兴奋
人的状态	放松	警觉	过度兴奋/紧张
人的思想	安宁	奖励	对抗
	合作	成功	逃跑
	自信	成功在望	减轻威胁
人的动机	生活的喜悦	愿望	恐惧
物质更迭	有营养的	可持续的	消耗的
	可再次补充	自我循环	很快燃烧
人怎样保持注意力	逐步增加	逐步增加	少量使用

平衡的多巴胺和复合胺，以及偶尔提高的去甲肾上腺素，可以让你的大脑避免"斗争"或"逃跑"，好保持注意力集中。

在本章中，你将学习新的钥匙串——心理调节技巧的两个钥匙串中的第一个。

钥匙串 6　自我激励

这些钥匙会通过欲望帮助你获得动力，保持健康平衡的化学物质分泌，以保持你的注意力。你应该始终保持适当的动力，动力是让自己追求目标和获得成功的方法之一。

实现长期目标就像跑马拉松。在起跑线上，你充满了热情和干劲，在快到终点的时候，你则恢复了动力。挑战在于中间的距离，当你累了、厌倦了，并失去动力时如何继续跑下去？

设定有意义的目标可以提供让你跑下去的动力。比赛是自己选择要参加的，想想自己最关心的部分。然后把自己的每个目标分解成便于管理的一些小部分，好让自己完成剩下的比赛。在跑到下一个阶段之前，你需要不断地注入新的注意力和动力。这就是为什么具体的短程目标是必要的——好让你可以随时看到希望。

《从开始到结束的心理学》（*Psychology from Start to Finish*）一书的作者，体育心理学家弗兰克·舒伯特（Frank Schubert）博士曾说：

> 设定一个目标的艺术是，要设置的任务是具有可期待的回报和不可阻挡的吸引力的。

在下面自我激励这一钥匙串中，你将了解如何选择真正吸引你的目标，使其具有一种不可抗拒的、推动你前进的力量。达到个人胜利的三把新钥匙是：（1）目标与意义；（2）可持续性工具；（3）"临终"考验。

第七章 心理调节技巧

> **钥匙串6　自我激励**
> - 目标与意义
> - 可持续性工具
> - "临终"考验

目标与意义

在《白宫风云》(*The West Wing*) 中连续 7 年扮演美国总统的演员马丁·辛（Martin Sheen）65 岁高龄时重返校园，完成在演员职业生涯前未竟的学业。他当然并不需要一个大学学位以提高收入或增加职业机会。在这个年龄的大多数人都在考虑如何打发时间而不是去读书。马丁·辛选择了自己的成功之路，他决定选择对自己最有意义的目标。

心之路径

《巫士唐望的教诲：踏上心灵秘境之旅》(*The Teachings of Don Juan: A Yaqui Way of Knowledge*) 一书的作者卡洛斯·卡斯塔尼达（Carlos Castaneda）带给我们美洲原住民的智慧。在书中，巫士唐望告诉卡洛斯"路只不过是一条路"，你必须扪心自问："这条路是一条心之路径吗？如果是，则证明这条路是好的；如果不是，它就是没有用的。心之路径就是只要你顺着这条路走下去，就可以给你带来欢乐。"这样的路径让你强大，没有"心"的路只会让你软弱。

神话学家约瑟夫·坎贝尔（Joseph Campbell）研究不同时代世界各地蕴藏着的人类文化故事。他研究得出的结论是：如果你"跟随你的福祉"，那么上天会在铜墙铁壁中给你开启一扇门，而且这扇门是你独有的，其他人不会享用你这扇门。用他的话说：

> 找到自己的方式就是跟随你的福祉。这涉及分析、观察自我，找寻什么是你真正的福祉。不是短暂的兴奋，而是一种发自内心的幸福。

在自己的生活中，想想做自己真正喜欢的事情和做仅仅是为了履行职责的事情之间的差异。如果是你喜欢的事情，即使你累了，那么重新回到工作中去似乎也是件很容易的事情，因为你的"心"在这里。你能感到自然的动力。但如何才能每天都用这样的方法激励自己？即使做你喜欢的工作，大部分的事情也可能是平凡的，不那么让人激动的。

寻宝游戏

罗布是一个天才高中生，数学和科学是他拿手的学科。但他没有兴趣学习英语和社会研究，因而成绩很差。从小学起，罗布就立志长大后学习计算机图形设计。他不明白学习英语和社会研究这样的课程对他未来的学业有什么帮助。他觉得一旦他上了大学，就不用再学习那些没用的课程了。如果他知道坎贝尔博士的建议，他会告诉你他正跟随着自己的福祉迈进，希望未来上天给他开启一扇门。

罗布有个跟他一样喜欢编程和软件开发的朋友。他们通过互联网的兴趣小组认识，并成了朋友。这位朋友比罗布大几岁，当这位朋友没有被所申请的大学录取的时候，罗布觉得很震惊。罗布这才开始理解原来父母、老师和辅导员告诉他的事情——不能偏科。但罗布仍无法激励自己阅读经典文献或撰写论文。他觉得反感和抵触。

如果说罗布真正对什么感兴趣，那就是游戏。在电脑游戏中，他已经声名远扬，因为他已经写了不少热门游戏的攻关秘籍。于是我鼓励罗布把获得好成绩看作与他在电脑游戏中取得成就一样。我们不再讨论两者之间的关联性，我只是告诉他什么对他才是合适的。他要学习的科目可能对他未来的职业没有太大的帮助，但是好的成绩对他未来的选择可就至关重要了。

我们一致认为，"收集"好成绩很像是玩寻宝游戏。游戏中你并不真的需要一卷空纸巾卷、一个图钉，或上周日的漫画。但如果你在玩寻宝游戏，而且这些东西在你的清单上，那么你就要取得这些东西才能赢得这场游戏。

罗布明白了我打的比方，并因此改变了他的态度，最终考入了他最心仪的学校——加州理工学院。从那时起，我开始用寻宝游戏这一比喻来帮助那些有点偏科的孩子。我自己也会使用，因为我必须做一些书面工作，而且似乎与我的临床实践没有什么必然的联系。当你觉得手头的事情与自己的工作没什么关系的时候，这是个激励你的有趣方法。

与你的梦想相联系

虽然没有人在一天的每个时刻都感到幸福，但是你可以与自己的使命感相联系。当罗布坐下来阅读经典文献时，他提醒自己，他是在玩游戏，进入大学则是他的游戏奖品。他把英语功课和未来的专业联系起来。心理上，他把当前的行动和激情划清界限，当他坐下学习的时候就会牢记这条分界线。

美国奥运游泳选手约翰·纳贝尔赢得了 1 枚银牌和 4 枚金牌。纳贝尔是这样描绘动机的："就是你想象当个人梦想真的实现的时候那种兴奋和热情。"请注意，这句话中的动词是"想象"，想象是一种有精神力量的工具。当你想象未来的成功、个人的成就时，你的多巴胺就会激发内部的动机。

设想一个水库。一个渡槽可以把你的房子与水库中的水相连。水库就好比是你个人梦想的天然的动机。渡槽就好比你的想象力。你积极地把自己正在做的事情与个人梦想联系起来，想想自己正在做的可以帮助你实现未来的梦想。这也就使你打开了自己的动机开关。

你的心之路径是独一无二的。也许你要挣很多的钱，好为自己或者家人买房子。也许你在职业生涯上有特定的晋升目标。也许你像马丁·辛一样，希望实现一个早年没有实现的梦想，或者像约翰·纳贝尔一样有一种特别的才能，看看自己是否能更快更强。纳贝尔说，作为游泳运动员，赢得奥运奖牌对他的目标没有太大的影响。他的梦想是不断超越自己，打破自己保持的个人最佳纪录。

你的目标值得关注吗？

你的心之路径是什么？什么是你感触最深的幸福？回答下面的问题可以检查你追求的目标是否能给你提供足够的动力。

☐ 是否以强度为中心？换句话说，为了实现自己的目标，你是不是充分利用了你的个人能力？而且在一天结束后，你是否对自己的付出感觉良好？

☐ 你的目标是你自己的还是别人对你的期待？家人和朋友可能对

你目标的实现没有太多的帮助,但是很容易使你陷入"我应该"而让家人和朋友高兴的陷阱中。你是否感觉到,别人期望你做某种工作,或期望你成为群体中的一员,但实际上你根本没有真正的兴趣?人们只知道你跟他们说的话。他们可能不了解真正的你,所以他们的期望可能不符合你要走的路。

❏ 目标可信吗?要大胆,想到所有的可能性。同时要能够坚持自己的信念,实现自己的梦想。你想要达到的目标,一定都是不小的目标,但不能好高骛远。想去健身房减肥,增加器械强度是好事,但是如果你增加的强度超过了你的能力,你最终会受到伤害,从而丧失斗志,觉得没有动力了。在运动心理学中,当你说目标是"可信的最大化"时,这意味着运动员可以告诉你如何以及为什么能实现他的目标。

❏ 你相信吗?像罗布一样,你不必相信达成目标的每一个步骤。但是你需要有一个理想、一种使命感。埃莉诺·罗斯福(Eleanor Roosevelt)曾说:"未来属于那些相信梦想之美的人。"

❏ 你的目标是否已经过时?我们的目标像我们自己一样在成长。在生命的每个阶段,我们都会面临新的挑战。著名心理学家埃里克·埃里克森(Erik Erikson)把生命过程划分为八个阶段。前四个阶段是在青春期前,下面是后四个阶段:

阶段 5:自我认同与角色混乱——青春期

阶段 6:亲密与疏离——成年早期

阶段 7:传承与停滞——壮年期

阶段 8:完美与绝望——老年期

像比尔·盖茨这种传奇人物,辞去微软公司首席执行官的职务,并成了慈善基金负责人,为需要帮助的人提供帮助,他这样做的动机是什么？最有可能的，是来自他内心深处的呼唤，要开始生命中一段崭新的历程。

可持续性工具

可持续性工具1：以努力为中心的目标

目标的选择取决于你的努力，而不是一个你无法控制的结果。

1984年，瑞典心理学家拉尔斯·埃里克（Laris Eric）宣布了一个颠覆以往运动心理学的理论："如果一名运动员不把得奖作为目标，那么将会有更多的机会赢得奖牌。"埃里克博士在多年观察世界级运动员的过程中，发现那些赢得冠军的运动员更专注于完成自己的比赛，而不是赢得奖杯。优秀运动员的首要目标是超越自己目前的表现，而不是与别人竞争。

赢得与自己的比赛。金牌得主约翰·纳贝尔曾说，打破自己的个人最好成绩比赢得奖牌更让他高兴，同时他在传记中也表明了这一观点。纳贝尔直到7年级才开始练习游泳。在高中队时他是游得最慢的，但他非常喜欢这项运动。他开始用秒表记录自己的进步，即使有时候他已经输掉了比赛。他只注重自我提高，自己的速度也逐步加快。与自己以前的成绩比较，是他界定比赛输赢的关键。这也是他对这项运动保持持续热情的关键。

竞争是一种有力的动力。但是，顶级运动员首先是要赢过自己，然后才能赢过对手。他们自己制定的目标是自我实现，而不是获得奖牌，这样的动力才是可持续的。当有记者问马克·艾伦（Mark Allen）："是什么激励你连续五年赢得男子铁人三项世界锦标赛的冠军？"

他只简单地回答:"赢得世界锦标赛或其他铁人三项赛事对我来说都不过是锦上添花。清楚地认识到自己可以做什么,超越之前的我,才是真正的成功。"男子铁人三项包括 2.4 英里跨海游泳,骑自行车越过 112 英里蜿蜒曲折的山路和 26.2 英里的马拉松。设想一下什么才能让你保持训练和比赛的动力,更不用说连续五年赢得比赛了。

自由地集中于你的目标。在运动心理学大会上,我曾与双向飞碟射击冠军谈话,他让我想起了埃里克博士的运动心理学理论,比赛获胜往往不是运动员的主要目标。他告诉我,比赛时,他根本没注意到自己射中了多少飞碟。对他来说,刚刚冲向天空的飞碟是他唯一关注的目标。当时他的精力完全集中在那时那刻,以至于他总是惊讶已经没有更多的飞碟可以打了。

以个人价值为追求目标的运动员赢得比赛的概率更大些,除了持续的动力外,还因为他们可以自由地完全集中于他们此时此刻的行为。在比赛中,双向飞碟射击冠军的每一发子弹都是全神贯注的。当他举枪的时候,他不会计算自己的命中率或在比赛中的排名。他只关注自己可以控制的,那就是即将发出的子弹。

一旦你开始关注比赛中其他选手的表现,你就不能全副精力地关注自己的表现了。如果一名双向飞碟射击运动员射击的首要目标是赢得第一名,打败其他所有竞争对手,那么他的注意力将会分散在他的最终目标和他的得分上。当你与他人比较的时候,你会将注意力分散到自己不能控制的地方。

某一天,你可能处于最佳的比赛状态,但是你对手的状态可能更好。你无法控制对手的表现,而且如果你将自己宝贵的注意力浪费在关注对手的表现上,那么你就不会对自己当前的表现全神贯注了。这种心理规则适用于人类的所有表现:销售演示,参加重要会议,法庭审判，公开演讲，而且特别适用于参加考试。

在考试中保持专注。在本书的最后一章，你将学习克服考试焦虑的方法。最好的方法是防止它的发生，这就要求你保持注意力集中。

参加考试时，你的目标是要利用一切宝贵的时间，把全部注意力用在回答问题上。当你开始想知道你旁边的人是怎么答题的，会得多少分，你又能得到多少分，或者你在想别人复习得比我好时，你就丧失了自己宝贵的注意力。更严重的是，因为你无法控制别人答题的情况和你的考试排名等，你会感到不确定，从而造成焦虑，这样就越来越难以全神贯注。

如果你在考试中难以集中注意力，下面几种情况就是警示你注意力已经开始分散了：

- 抬起头看其他人答题。
- 不知道自己做到哪里了。
- 有下面的想法，如："为什么别人会做这道题，我却不会？"

在上述时刻，你体内已经分泌了太多去甲肾上腺素。要学会马上识别这些危险的行动。考试的时候，你希望你大脑的"首席执行官"掌握大权。这就只能允许多巴胺和血清素产生。所以，这时你要尝试下面的自我对话，如：

- 重要的是能否提高自己的成绩。
- 现在，我必须在这里回答问题。
- 我能做到这一点。

压力下的表现。面临考试和重大活动时，你会觉得压力倍增。而且当你在生活中将自己与他人比较时，你会感到同样的紧张。

卡罗尔是一个销售人员，在一个大型开放式办公空间办公。她是那种应变速度很快而且整天都在辛勤工作的人，但是每天下午她的情绪总是很糟糕。那时，她会安静地坐在办公桌前，偷听办公室其他销售人员的对话，并开始怀疑自己的能力。为什么他们可以有比自己更好的业绩？他们做了什么自己没有做到的事情？整个下午剩下的时间里，由于她总在想着别人的成绩而情绪低落，以至于她没有实现更多的销售业绩。

通常卡罗尔总是用奖金来作为刺激自己工作的动力。想象自己获得这个月的销售冠军足以让她保持高涨的斗志。但是，每天下午她总是闷闷不乐，想着月底的销售排名，让她觉得自己更加糟糕。

每天早晨卡罗尔都给自己打气，但是每天下午的时候，她脑部的主管注意力的化学物质会迅速用光。这时，她的大脑开始分泌去甲肾上腺素。在"斗争"或"逃跑"的状态下，卡罗尔的担心开始逐步加剧。此时她的肾上腺素分值很高，一想到同事间的竞争，更增加了她的肾上腺素分泌。

卡罗尔需要调节自己，她也必须处理午后竞争恐惧所带来的萎靡不振。她已不再跟别人比较自己在工作上的短处了。她使用了反向陈述法，如："这不过是一天中的一小会儿。我不知道一小时前他在做什么"，"每个人都有自己的优势和劣势"，"也许这不过是因为他很幸运，我的好运也快到了"……

卡罗尔开始练习这些反向陈述，用于对付自己下午难以集中精力工作的毛病，好让自己迅速看到良好的结果。卡罗尔还写下了积极的自我陈述引导卡：

我每天可以做得很好，这就足够了。
我必须给自己加油，努力呀。

> 我应该想什么是最重要的，而且我是最好的。

多年来，卡罗尔用"着眼于奖励"这一短语来保持自己的注意力。她继续使用它，即使她觉得情绪低落，但当她说到"奖励"的时候，她让自己相信，这才是她唯一要思考的目标。

人们在开始新的工作时或在一个新的环境中，最容易感受到业绩的压力。在全新的环境中，你的自我价值很容易因为周围人的谈话、决定或行为受到打压。在一个新的公司里、一个新的职位上，或者一个新的学校的第一周里，你总是会与其他人相比较。一个优秀出庭律师曾经告诉过我，尽管他已经经手过高达数百万美元的案件，但是总比不过他第一次出庭时的紧张情绪。第一次出庭的时候，他觉得当时的判决将确定他是一个成功的人还是个失败者。

当你面临工作挑战时，从竞争中跳出来，并分析自己的情况。想想你的个人目标。想想老虎伍兹在挥出最后一杆的时候，那种根本不理会周围发生的事情，仅仅关注手头这一杆的画面。他的注意力可没有用于关注对手的表现，而是全部投入自己的行动。

你个人的胜利。过度的自我意识可以扼杀你在一个重要或者普通时刻的表现。设想一下你在会议室或者面对几千名观众或一个人在办公桌前的时候，你别无选择，只能将注意力集中在自己的个人表现上，让自己从过度关心周围情况的尴尬局面中摆脱出来。

约翰·纳贝尔回忆起自己的高中时代，他是最慢的游泳运动员。但是他个人的目标，也是他和父亲共同关心的，是与自己比较，与上一次的比赛相比，他是不是进步了。他没有因为担心自己的排名而分心，完全只关注自己的进步。

中国古代哲学家庄子曾写过这样一个耐人寻味的小故事：一个百步穿杨战无不胜的神射手，在一次奖品是黄金的射箭比赛中，发现自己眼中看到的是两个目标。尽管他的技术依旧出色,但由于他总是惦记着赢取黄金而分心,最终没有赢得比赛。

当你的目标取决于你的努力而不是奖品的时候,你会得到持续的动力和保持集中的注意力,注意力不会浪费在你无法控制的因素上。你的目标是自我完善,发挥你个人的最好成绩。

基准。当心理学家谈论基于努力的目标时,通常也有这样的反对声音:"我不需要一名尽最大努力的外科医生,但是希望一个有最佳医疗记录的外科医生给我做手术。"根据你个人的最好成绩确定目标,并不意味着你会忽视结果。你仍然可以以结果为导向。事实上,你能更自由地接受自己的结果,并会对此更加负责。

比方说,你在等待手术治疗。你是希望被推进手术室的时候,自己的外科医生还在想自己以前的成果,还是希望外科医生想着他一定要全力以赴,接受他不能控制的因素,将自己的精力全部放在病人身上和当前的手术上?你会选择哪个医生呢?

准备尽全力的外科医生知道这类手术中患者的成活率。因为了解以往的记录、统计和标准等重要信息,更能让自己全力以赴。你要考虑到这样的因素,但是不能让这些数字控制你。

商业世界充满用来衡量自己的数字:销售额、季度每股收益、目标价、股价表现、投资回报率等。只有你打败这些数字时,你才是成功的。但当你被这些数字打败时,你就成了失败者。目前的挑战是如何重新界定这些数字,用作有益的反馈,就好像是飞行员利用以前的数据来驾驶飞机:有的数字告诉你需要改变飞行速度,很多数字只需要了解就好,但少数数字的出现则意味着危险。飞行员会检查仪器,做出相应的反应,然后继续向目的地飞行。这些数字会给飞行员提供飞行指南,但不是他飞行的原因。

反馈对学习来说是必要的，基准则可以帮助你更好地理解反馈的含义。目前的挑战是如何确定一个合适的基准来进行比照。无论是否达到销售业绩，下面这个问题可以帮助你在今后的工作中取得进步：你从中学到了什么？

飞行员从飞行数据指南中了解到的反馈信息适用于正在驾驶的飞机吗？如果你难以接受反馈信息，并认为结果简直是不可理喻的，那么你以后很难在这方面进步。但是如果你接受了反馈信息，那么就可以灵活地将其运用到日后的工作中去。

"重新认知"是一种改变你观点或看法的认知策略。在下一章，你将会更多地了解它。基准是一个有用的仆人，但也可以是一个专制的主人。重新了解你的基准，把它作为有益的反馈，而不是无益的威胁。

可持续性工具2：成功的阶梯

建立一套迈向成功的步骤，使你能达到自己的目标。

请记住，目标是这样设立的，每个任务的奖励都是拉动你前行的势不可挡的力量。一个运动心理学中的比喻是建筑物的楼梯。你想象自己每一步都是向着正确的方向迈进，每一步都会对你的未来造成影响。当你每迈出一步，你就要想你向目标又迈进了一步。

你要坚决实行锻炼计划才能保持健康的体魄，你需要确定每一步完成的目标。具体的计划才是最好的。明确你将要达到的状态，而且要设定计划完成的具体时间。每一步都是越具体越好。

当你觉得工作不堪重负时，很可能你没有坚固的楼梯来支撑自己。试想一下，你在一个只有框架的房子里的感觉。你抬起头来，能看到房子的第二层，但如果没有楼梯，你无法到达第二层的房间。如果你的工作跟这个没有框架的房子一样，那么你需要建立起向上走的动力，构建适合你自己的楼梯。否则，没有"楼梯"，你不知道自己什么时候才能到达更高的境界。

当你觉得快被工作压倒了的时候，这样的感觉向你发出了暗示，说明你需要建立一套自己的楼梯计划。假定你的每一步都是迈向最终成功的很小的进步。走到楼梯的中间的时候，往往是最艰难的时刻。需要的话，可以采用中断电源法让自己放松一下。

如果你还在苦苦挣扎，那么重新规划你的步骤，将其分割为更小、更容易完成的部分。如果你面对一大堆需要录入的数据而不知所措，那么将其整理成两份，先从第一份开始完成。

请记住，你想象中的一系列比赛是有很多节点的。当你每完成一步，在开始下一步前，记得给自己一个奖励，这样每次你都可以提高多巴胺的分泌，让你保持前行的动力。

可持续性工具3：弯曲的树

> 以目标为导向，但是不要被目标所困扰。

记得本书第二章提到的提摩西·加尔韦的"本应该"吗？自我批评是在网球比赛中注意力的头号敌人。因为"本应该"剥夺了你的喜悦，使你失去了继续这场比赛的动机。

在我以前的临床经验中，看到了很多由"本应该"带来的损害：
- 一个学生的学习成绩不是A就是F（不及格），因为他严重偏科，对于不喜欢的课程根本学不进去。
- 长期超重的人开始了节食计划，但是由于未完成计划，体重比以前竟然还增加了。
- 桌子上总是堆着各种文件等杂物，只有在乱得不成样子后才开始重新整理，但是过不了多久还是难以保持整洁的桌面，找文件总是件麻烦事。

我们可以从大自然中学到很多东西，比如强大的但是适应性和灵活性不足的动物很容易被淘汰。在大自然中，只有具备灵活性才能生存下来，光有力量是不够的。

你可以是灵活的，是以目标为导向的，而不是受目标所困。不要无时无刻想着你的计划，在适当的时候灵活些。参考下面的情况吧，想一下这样做的结果是什么：
- 一个优秀的学生没有把所有参考资料全部看完，因为他的论文的主题和内容已经很好，可以得A了。他准备花点时间来准备自己不太喜欢的科目。
- 一个正在节食的人去参加一个聚会，允许自己吃了适量的甜品，当她回家的时候就不会着急找东西大吃一顿了。
- 一个职员总强迫自己保留每一张纸，直到他能再次检查每张纸上的内容有用与否。这个人应接受一个事实，那就是即使他不小心扔掉了某张纸，他也可以应对。如果他的办公桌整齐有序，他会更容易找到他需要的东西。

风暴中的树。当你过于驱使自己，你会觉得受到伤害而且没有动力。然后你会责备自己，感到内疚，并让自己更加努力。实际上，你不可能为每天可能会遇到的问题提前做好准备。

一棵根深叶茂的大树在风暴中总是顺风弯曲的，因为这样才不会被折断。你也同样可以做到这点，只要多点灵活性和适应性。

第七章　心理调节技巧

ᴏ╼ "临终"考验

虽然这种做法开始听起来很可怕，但是"临终"考验是我所了解到的最有启发性的激励工具，原因很简单：

> 当你必须做出艰难的决定时，先问问自己这个问题：在我逝世前，当我回想起这个时刻时，我应该记住什么？我现在又能做什么呢？

你必须愿意客观地想象当你濒临死亡的时刻。这种设想不需要如年龄、地点、死因等细节。就好像你搬完家后关上你旧家大门的感觉。

我们都会面临的"终点"

我们时代另一位传奇人物，史蒂夫·乔布斯，是苹果公司和皮克斯动画工作室的创办人。他曾在美国斯坦福大学2005级的毕业典礼上致辞说，他17岁时读过的一篇文章对他产生了很大的影响。那篇文章大概是这样说的："把你的每一天，都当作你生命中的最后一天那样去度过，总有一天你会明白这样做是正确的。"自那时以来，在过去33年中，每天早晨他看着镜中的自己，"如果今天是我生命中的最后一天，那么我还想要做待会儿要做的事情吗？"如果有太多天的答案是"不想做"，那么他就知道需要改变一下了。

乔布斯说："记住我将很快死亡，是用来帮助自己做出生命中最重要抉择的工具。"他解释说，来自外部的期望、自豪，以及面临失败的恐惧"在死亡面前都显得苍白无力"。然后，他详细介绍了一次与死神擦肩而过的经历，当时他被诊断患有胰腺癌。后来癌细胞转变为一种罕见的形式。但被诊断出这个病之前，乔布斯总是获得直面死亡而产生的动力。

因此，乔布斯更加肯定地认为，"临终"考验"可能是最单纯的生命考验之法"，因为它是"生命变化的促进剂"。用乔布斯的话来说：

> 死亡是我们大家共同面临的生命终点……你的时间非常有限，所以不要浪费时间在别人的生活里生活……有勇气按照你的心和直觉去生活，因为它们已经了解什么是你真正想要的。

每一天都想到死亡？

阿尔贝·加缪（Albert Camus）曾经说过："整天提醒自己人终有一死是没用的，因为你将很快面临这一天。"但是，许多精神方面的传统理论并不赞同这个观点，史蒂夫·乔布斯当然也不同意他的观点。因为他们利用"临终"思考法作为每天生活的催化剂，而不是忧愁地认为生命即将结束。

另一个好的例子就是卡洛斯·卡斯塔尼达在《巫士唐望的教诲：踏上心灵秘境之旅》一书中所教的：设想一只乌鸦落在你的左肩上，好激发你做出生命中正确的决策。与死亡如此接近时，你将会集中精力做出紧要关头的重要决定。

根据自己对死亡的不同担心程度使用"临终"考验法，你会剔除一部分去甲肾上腺素分泌的影响。大家可能还记得，有策略地使用去甲肾上腺素能让你保持活力，但太多的话，你就很容易陷入"斗争"或"逃跑"的状态了。当你想到死亡的时候，你肯定会保持注意力集中，只关注激励的动力，史蒂夫·乔布斯就是这样做的。

你可以每天使用"临终"考验法或在需要的时候才使用。你可以照着镜子，想象肩膀上的乌鸦，或任何你幻想的图片。我也喜欢在心里想象 17 世纪英国诗人罗伯特·赫里克（Robert Herrick）的话："请及时采摘你的花蕾。"

展望未来

你已经学会了自我激励的心理调节技巧钥匙串，在很长的时间里你都会因此受益匪浅。第八章中，你将了解更多心理调节技巧，包括认知策略的自我对话、转变态度和心理排练。你将学到新的钥匙串来开启你的能力，构建你需要的"楼梯"来实现自己的目标，而不会增加无益的压力。

第八章
无压力的安排

（当被问到如果不幸漂流到荒岛上将会带什么时）回答：《造船指南》。

——伯纳德·巴鲁克（Bernard Baruch）

要留在注意力专区，你得有一个安排，包括时间表、计划书、待办事项等。否则你会觉得摸不清方向，或者很容易愤怒。

清晰的安排有利于保持大脑中化学物质分泌的平衡。循序渐进的计划会在你与你要达到的目标之间建立通路，让你的大脑产生足量的多巴胺和复合胺。

给自己设定期限也是一个增加去甲肾上腺素分泌的有效方法，但请注意，一旦压力太大，造成的紧张感会让你处于"斗争"或"逃跑"状态。这时，你也许会感到注意力高度集中，但你还是需要减少这种状态下的注意力集中，而不是增加。

一个很好的例子就是第一章提到的父母想要帮助自己注意力分散的孩子安静下来做功课。父母威胁孩子如果不做功课，就会收回孩子

第八章　无压力的安排

玩耍的权利。此时的孩子已经被吓到，根本没有能力去继续做功课了。他们这不是在激励孩子，而且威胁的方法会使孩子情绪骤然变化，这时候让孩子做功课就更困难了。

在此类情况下，你需要做好没有压力的安排。就好像你需要爬上楼梯，但前提是楼梯不能太陡也不能是危梯。如果你是辅导孩子写作业的家长，你的孩子很害怕（尽管孩子可能不知道或者不愿意承认），那么给他设定一整套安全的步骤好让他做功课。例如，如果他担心写不出一篇很好的作文，那么先跟他一起了解作文的要求，然后与他一起拟一个简单的提纲，写下后面要做的几件事情。并写清楚：步骤1——揭示我的主题；步骤2——用三件事来说明主题。最后再检查拼写和语法错误，这样他就能放心地使用任何短语。如果孩子卡在主题上，那么就让他画一幅简单的图，画的中心可以是个太阳，然后把孩子的想法画成太阳发出的光芒。如果孩子害怕不会做数学题，那么先把能用的公式写出来，让他可以从中选择合适的来继续计算。当你耐心地为孩子设定一种指导方法时，就会消除他心中的不安，而且没有给他任何威胁的压力，他就能安心地做功课了。

安排，如同逐步自我引导一样，对任何新的、复杂的、与压力有关的工作都是很有帮助的，特别适用于你不知从何下手来解决问题的时候。举例来说：如果你正在写报告或准备简报，把你必须做的事情从头到尾列出清单。你一边写可能一边会发现，其中的一个步骤原来隐藏着巨大的压力，这也许就是你把事情搁置下来的原因了。也许你需要一些数据，但你必须在一个混乱的档案柜中寻找，或者数据在一个你不太喜欢的同事手中，你只有跟他联系才能拿到数据。现在通过梳理事情的步骤，你可以打破这个僵局。于是这项任务可以完成，你原来的担心也消失了。这就是无压力的安排。

本章将教给你关于心理调节技巧的钥匙串之二：

⊶钥匙串 7　保持状态

在钥匙串 7 中有三把钥匙，你将了解如何使用这三把钥匙。在前几章你已经对这三把钥匙有所了解，它们就是：自我对话，转变态度，心理排练。

自我对话包括自我教导，就像在我的博士论文中介绍过的相关技巧一样。你将了解如何选择特定的单词和短语，引导自己完成任务。态度的转变基于被称为"重新定位"的认知策略，在上一章中我们说到根据反馈情况，重新设定我们的基准有着事半功倍的效果。心理排练是一种新的可视化方法，以加强新连接与大脑通路。在第四章中，你曾了解过心理排练对大脑可塑性的影响。

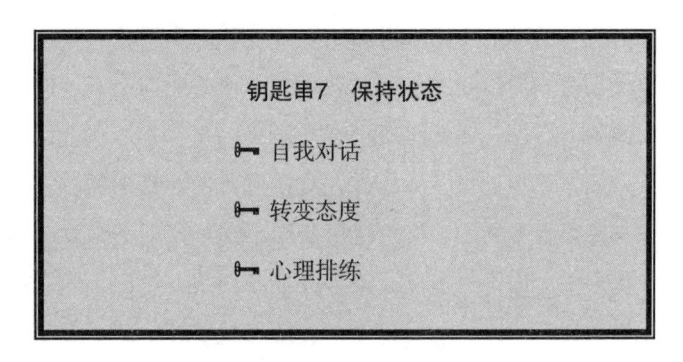

```
┌─────────────────────────────┐
│      钥匙串7　保持状态        │
│                             │
│       ⊶ 自我对话            │
│                             │
│       ⊶ 转变态度            │
│                             │
│       ⊶ 心理排练            │
└─────────────────────────────┘
```

有人说，他们不喜欢时间表或计划等安排的方法，因为这剥夺了他们的自主性。通常，这样的潜台词是"我不想卷入这件事"或"我倒要看看还能有什么更好的主意"。但是我们心里都知道，如果你希望一项重要的活动或项目顺利完成的话，你通常会预先做出安排。建筑工人有图纸，导演有剧本，企业家有商业计划。一个令人难忘的婚礼、令人舒适的退休计划、令人高兴的假期、搬新家，或者令人惊喜的生日聚会都需要有良好的计划。

写下来。撰写书面计划是一种能力。当你看到中意的钥匙串技巧时，把它记下来。你可以采用如速记、关键词、符号、缩写，或简单的图片等多种记录方法。记录在索引卡片上也是个不错的选择，因为它们的尺寸合适，便于携带，能保留较长的时间。即时贴也很方便，你可以随手将其贴在任何地方。如果你喜欢无纸化的方式，那么在电脑里写下电子便笺。

为什么要写下来？这是大自然赋予人类的天性，只有这样你才会印象深刻，而且比你实际的行动更加印象深刻。行为学家称之为"先见的偏见"，你会因为曾经熟悉这个信息，便认为日后会很容易地回忆起来。面对一堆材料，人们估计能回忆起的内容，比他们实际能回忆的内容要少得多。（因此当你在复习功课的时候，最好用笔记记下要点或者准备好学习卡片，不要仅是阅读材料而不做笔记。）所以，你要打败自己的先见偏见，现在马上拿起笔和纸。当你在看本书的同时，记下你准备使用的技巧吧。

⚷ 自我对话

在本节中，你将了解到简短扼要的自我对话。下面是五种类型的自我对话：（1）3个项目的待办事项清单；（2）自我引导；（3）锚；（4）自我主张；（5）替代思想（你在抗焦虑钥匙串中已经学习过，在这里介绍更多的使用方法）。

3个项目的待办事项清单

简洁。我第一次见乔希的时候，他向我描述了他心中"一个复杂的残局"。乔希是一个医疗研究员,他带领的团队拥有多项专利。他有典型的"爱迪生特质":跟托马斯·爱迪生一样,他是个喜欢发明创造的人。换言之,他会在许多看上去没有关联的地方觉察到别人从没想过的某些内在联系。这样的缺点是,在别人跟他谈论某件事情的时候,他总是陷入自己的沉思之中。

为了应付他这种发散性思维方式,乔希养成了随身携带黑色效率手册的习惯,他总是写下自己的想法和必须要完成的事情。他发现,只要他写下来,就能比较专注地与他人交谈了。

乔希告诉我,他总是随时携带那本效率手册。后来当乔希告诉我这样做他还是不能完成要做的事时,我很惊讶,因为他很少再次看自己写下的内容。我告诉他,列出待办事项有助于他记忆。他说,这样做的唯一目的是自由地写下心中的想法。当他向我展示他的效率手册时,我发现他根本没有重视这个手册。在8页长的事项清单中,列出的任务林林总总。任务之一是"申请补助金续期",下一个则是"送去干洗"。

我建议乔希说,把接下来要做的三件事情写在即时贴上,他照做了,并马上发现了这样做的好处,由此开始养成了一个新的习惯。比起一大堆任务堆积在一起,让他根本不想再看第二眼的效率手册,他的3个项目的待办事项清单吸引他完成清单上的任务。

乔希继续向任务列表中添加项目,这样可以减少头脑中的负担。但他仍然保持着一个3个项目的待办事项清单,这给他提供了多巴胺驱动冲刺的动力,好让他每次都能顺利完成工作。

策略。如果你使用待办事项清单,可能会注意到,当你特别劳累的时候,你总是容易把简单的事情列在清单里。千万不要觉得这样做是愚蠢的,相反,这是一个有效的策略,让自己有完成任务的成就感。

继续这样做吧，比如说记下几个这样的任务：给植物浇点水，晾一下咖啡壶等。当然，如果你做的主要工作是这样的，就不要列出来了，那样只会让你觉得很烦。但是利用它们作为热身，那你就灵活使用了心理调节技巧工具。因为一事成功，则事事顺利。在完成了清单上的所有事情时，你会获得成就感。

另一种有效的策略是在高刺激和低刺激的项目之间切换。如果一个无聊的、重复性的任务让你觉得缺乏动力，那么你的待办事项清单则列出刺激程度高的任务。

有两种截然不同的3个项目的待办事项清单：一种是工作场所待办事项，另一种是家里的待办事项。乔希认为，这样做有几个重要原因。由于他的实验室工作比家里的工作更刺激，一个在家里的待办事项清单让他专注于低刺激的任务，帮助他远离白天实验室的问题，他可以更多地与妻子和孩子在一起。与工作的暂时分离，也让他可以在转天精力充沛地面对问题。

你会发现大脑喜欢简短的书面清单，所以每次只列出三项任务。如果出现一些更紧迫的任务，可以取代原有的任务，记住是取代而不是增加。只有三个项目的时候，更容易专注。当你在进行一个任务时，你的大脑下意识地在解决下一个任务。

现成的替代思想。3个项目的待办事项清单是理想的替代思想法，具体细节请参见后面的内容。大家可能还记得第六章，替代思想法在很多时候都起着至关重要的作用，因为那时候不能让自己什么都不想，想点其他的事情会让自己保持在状态。当你焦虑、无聊或分心的时候，把你的下一步工作设置成一个有意思的替代思想的工作。

比方说，3个项目的待办事项清单中的第一项是完成书面报告。在办公桌前，你开始担心将于本周四开始的年度业绩审查。你不断回想去年一年中你曾经做过的正确和错误的事情，你仿佛听到自己用蹩脚的借口来掩盖自己曾经犯过的错误或者做得不完美的地方。这时你在想，能支持借口的文件在哪里，你需要回头再看一眼，然后你情不自禁地开始寻找以前的备忘录等。你不能不想审查这件事，但是你也可以采用替代思想法，自己一遍又一遍地重复"要完成书面报告"，这样你就指导自己回到要做的事情上。

由于工作，乔希不得不搬家，他满脑子想的都是房子的事情，他打算卖掉现在的房子，另外买一套，他要把所有的东西都搬走，并帮助妻子和孩子适应新环境，与此同时，他还要重新组织新的工作，还要处理办公室的各种复杂的关系。这么多事情让他开始感到焦虑或担心，于是重新应用了3个项目的待办事项清单。他的经验教训是，为了防止出现不知所措的感觉，他需要一个准确的自我引导，因为每次想到这些事情的时候，他总是理不出头绪，思想总是乱作一团。然后，他默默地重复自己的观点，直到重新回到正常的状态中。

自我引导

乔希使用下一个项目的待办事项清单作为一种有效的自我引导的做法，默默地指导自己应该怎样做。也许你曾经用过此方法。你是否有过这样的经历：从一个房间到另一个房间去拿东西，等到了地方你却忘记要找什么东西了。如果你能一边走一边默默地提醒自己要拿的东西，到了地方你就不会忘记了。

自我引导法会让你回到状态中。如果你分心了，这是一个可靠的替代思想法。跟乔希一样，你能让自己回忆起3个项目的待办事项清单。通过简单的重复，比如一个关键词或类似的名称，就能很好地自我引导，这样你就不会做白日梦、焦虑或是心神不定了。

第八章　无压力的安排

在当今世界，自我引导是设置工作和个人生活之间界限特别有用的方法。乔希用自我引导提醒自己完成实验室工作的待办事项。当他离开公司，在回家的路上，他再次提醒自己："我到家了，到家了，到家了，到家了，到家了。"

我的博士论文是有关自我引导的，自我对话是我教给实验对象的方法。有的实验对象会说一句话，"我要完成我的工作"，或重复一个词，"工作，工作，工作，工作，工作，工作"。还有实验对象默默地说"不，我不会听"，或其简短的形式"不听"，这种技巧称为"思想停车"，是为了重新引导自己的思想。在"思想停车"中，你训练自己使用"不"字作为一个信号，立即返回你原来做的工作。另一个方法是用你手腕上戴的橡皮筋弹一下你的手腕，并告诫自己说，"不"。然后直接回到自己的工作。

使用"做"而不是"不要"。如果你对自己说："不要混日子"，你的潜意识会听到"混日子"。相反，你要说："我们走吧"或"挪动一下"。

以下是一些通用的自我引导方法，帮助你保持注意力集中。选出你最喜欢的、觉得最有必要的话，并加上你自己喜欢的其他词汇：

- ❑ 焦点
- ❑ 重视
- ❑ 专注
- ❑ 继续努力
- ❑ 保持警惕
- ❑ _____
- ❑ _____

简明动词正是让你建立起强大的自我引导的方向，因为通过行动指令，你的大脑已经开始准备采取措施让你恢复注意力。例如：

如果你是……	那么请说……
撰写技术报告	"思考，撰写，思考，撰写，思考，撰写"
做 Excel 表格	"直接，准确"
赶着最后期限	"平静，继续前进"

锚

这里的"锚"，即固定点，是一个简洁的字或词组，或是一些想象中的理由，好比船上的锚一样，让你保持稳定，不会漂到大海之中。语言的锚是简短的、容易回忆的。

锚在大多数时间里都代表此时此地产生的想法，或者是某些能把过去你的某些感觉、情绪或能量与即将发生的事件联系起来的词语。举例来说，记住过去的成功，你会找到自信的感觉，而且将进一步加强自己的自信。在心理排练的部分中，你会学到应该在哪里找到自己的锚。然后当你日后应用的时候，锚将会把现实的情景与你心理排练时候的心境联系起来。

要让你的锚种类更加丰富，这也能保持新颖，并刺激你的多巴胺的分泌。下面介绍的锚的种类有：目标和任务、过去的成功、亲友和情绪等。

将目标和任务作为锚。当你学会重复个人目标，克服自己拖延的毛病时，表明你在使用目标作为锚。当你在待办事项清单上写下下一个事项，或使用任何简明扼要的自我引导的词汇时，你就已经在使用任务锚了。其实，任务就是一个目标，而且是你最直接的一个目标。

你可以使用任何目标名称作为锚：长期、中期、短期和即时等。例如：

长期目标：MBA 学位
中级目标：经济学学士学位
短期目标：宏观经济学的成绩为 A
即时目标：本章节研究

来吧，给你的每个目标都填上内容。如果你愿意，你还可以返回前一章中查看构建成功阶梯的关键是什么。

长期目标：＿＿＿＿＿＿＿＿＿＿＿＿＿＿＿＿＿＿＿＿＿＿
中级目标：＿＿＿＿＿＿＿＿＿＿＿＿＿＿＿＿＿＿＿＿＿＿
短期目标：＿＿＿＿＿＿＿＿＿＿＿＿＿＿＿＿＿＿＿＿＿＿
即时目标：＿＿＿＿＿＿＿＿＿＿＿＿＿＿＿＿＿＿＿＿＿＿

将过去的成功作为锚。我们大多数人更能记住过去的错误而不是曾取得的成功。我们不断重复打击自我士气的唠叨。实际上，我们需要的是令人鼓舞的消息——来自内心的成功经验，让我们更具力量和技巧。

自己要记得至少三个具有个人意义的成功。如果可以的话，先回想跟现在的手头工作相近的成功经历。例如，如果正准备做一个重要的报告，那么想想你上一次在人们面前的成功演讲吧。

现在写下三个过去的成功作为锚：

成功 1：＿＿＿＿＿＿＿＿＿＿＿＿＿＿＿＿＿＿＿＿＿＿＿
成功 2：＿＿＿＿＿＿＿＿＿＿＿＿＿＿＿＿＿＿＿＿＿＿＿
成功 3：＿＿＿＿＿＿＿＿＿＿＿＿＿＿＿＿＿＿＿＿＿＿＿

这些成功能让你感受到强烈的自信吗？如果是这样，找到相关的照片或纪念品，可以用作代表这个回忆的试金石，并用它来提升你的士气。

将亲友作为锚。威斯康星大学在实验中发现，在实验对象中有选择地提到他们的朋友和亲戚，把这些人作为实验对象的偶像，将容易激发他们的工作动力,还提高了他们的语言流畅程度和分析推理能力。这些能力的迅速提升是因为实验对象回想起亲友后,激发出了完成任务的能量,即使你的头脑在几分之一秒的时间内只是闪过了这个人的名字。

有趣的是,只有这些朋友或亲戚与实验对象有良好的关系或曾经支持过实验对象,才能激发出实验对象完成任务的热情。那些实验对象认为不太重要的人,虽然也被提到了,但却没有达到理想的效果。

在以前很多的案例里,我都发现了同样的结果。因为我们都想到了很多其他人。但是,哪些是在恰当时候想到的合适的人呢?

谁会信任你呢?以下是一些典型的答案:

- "我的爸爸妈妈一直认为我可以做到这一点。"
- "以前在学校,有个老师让我感觉自己是个聪明的学生。"
- "我的孩子们让我觉得可以为他们做任何事情。"

下一次你对自己不确定的时候,或设想你要被解雇了,或者设想自己站在法庭上为自己的行为辩护时,想想到底谁是最信任你的人。就像在大学里的实验者一样,你会提高自己的专注力并获得解决问题的技巧。

> 杰夫是一名大学生,他的父亲死于癌症。他沉浸在悲伤中而无法集中精力,已经到了退学的边缘。他决定开始采取办法来拯救自己。他是空手道黑带选手,从以前练习的经验中,他知道要如何使用强大的心理工具。
>
> 杰夫开始使用认知策略。随着时间的推移,杰夫做了满满一桌子的索引卡。每张卡上都写了一个或多个自我陈述,以对付每个心怀杂念的他,尤其是对未来充满恐惧的他。他写道:"我的母亲是健康的,并能够活很长一段时间","我能得到一个很好的工作,来养活自己","我可以掌握自己的财产"。

第八章 无压力的安排

尽管他妈妈也很悲伤,但还是积极鼓励自己的孩子这样做。她鼓励他,逐渐地,杰夫赢得了与自己的战斗,重新回到学校了。

任何时候杰夫的口袋里都装着一张卡片。他已经复制了很多份。其实即使卡片丢失了,也没太大的关系,因为杰夫已经牢牢记住了卡片上的每一个字。很多次,这些话让他鼓起勇气,重新回到正常的状态中。在这张卡片上,他写道:

我妈妈相信我。

我爸爸认为我能行。

我相信我。

我能做到这一点。

我有这个能力。

借用别人对你的信任,就好像你站在收银机前,准备支付你要买的东西,却发现你没有足够的钱,然后有人替你付了剩下的钱,而且你不必马上还钱给他,因为你已经通过自己的努力赢得了他的信任。

现在花点时间写下3个人的名字,不管在世与否。谁是永远站在你身边的人?

1. _____
2. _____
3. _____

下一次当你感到心烦意乱,或者没有办法继续完成任务时,闭上眼睛想一会儿最信任你的人。想象一下,他们对你说"你可以做到的",或者只是默默地念出他们的名字或想象他们正在朝你微笑。

将情绪作为锚。体育心理学家教运动员使用"情绪术语"作为自我暗示,以调动他们比赛时的情绪。例如,要获得强烈的感觉,他们可能会对自己重复"伟大"、"肌肉"、"武力"、"权力"或"力量"。为了增加信心，他们可能会说"大胆"、"伟大"、"目标"或"了不起"。

最好的情绪术语是拟声词，这个词的发音就好像是正在绘声绘色地描述你现在的状态。例如，在网球场上，"POW"（战俘）这个词的发音，使人感到力量和准确性，正好描绘出球员的一个漂亮的扣杀动作。

选出有助于你保持放松戒备状态的词，并添加一些自己中意的词：

- 平静
- 聚焦
- 保持状态
- 按计划进行
- 可以做到
- _____
- _____

下面这些词听起来有点像情绪本身。它们适合被稳定地重复，例如，"现在、现在、现在、现在、现在"。

- 去
- 流动
- 进行中
- 是
- 现在
- _____
- _____

自我主张

每当成功地将注意力引导到你的能力、技能和良好的素质上时，你要自我肯定。这样你的注意力将增长：注意力得到了嘉奖，所以你的行为会重复，形成一个良性循环。

写下自我主张，想想"3P"——个人的（personal）、积极的（positive）、现在的（present）。

(1) 个人的——首先是以代词"我"开始的。

(2) 积极的——如同自我对话中的，使用肯定而不是否定的词汇。

(3) 现在的——选择一个表示现在的动词。

以下是一些常用词汇。选出自己喜欢的并添加自己中意的：

❏ 我聪明又敏锐。

❏ 我今天完成了。

❏ 我可以做到这一点。

❏ 我能保持注意力集中。

❏ 我正在做。

❏ _____

❏ _____

替代思想

我们已经谈了很多关于替代思想的方法。让我们看看下面的几种思想吧：

无益的思想：我永远不能按时完成这项工作。

有益的反向思想：我很擅长正在做的事情，如果其他人可以做到，那么我也可以。

无益的思想：我无法集中精力。

有益的反向思想：我可以集中精力。我有很多很好的方法让自己保持注意力集中。

无益的思想：我太累了，什么也想不了。脑子里空空的。

有益的反向思想：我已经有一个备用油箱。让我们看看我能做什么。如果我还是太累，那么我休息一会儿好了。

以下是一些更加无益的想法。该轮到你拿出有益的反向思想了：

无益的完美主义思想：我试过了但还是做不对。

有益的反向思想：_____

_____

无益的自我限制性思想：我无法了解这一点。

有益的反向思想：_____

_____

这一次，记下一些自己典型的无益的思想。对每一个，写一个有益的反向思想帮助你成功。

无益的思想：_____

_____

有益的反向思想：_____

_____

无益的思想：_____

_____

有益的反向思想：_____

_____

转变态度

用丘吉尔的话说，"态度是件小事，但是不同的态度却会引起重大的不同结果"。

在《活出生命的意义》（*Man's Search For Meaning*）一书中，心

理学家和大屠杀幸存者维克多·弗兰克尔（Viktor Frankl）描述了一种很强大的观察法：

> 人类的任何东西都可以被夺取，但只有一样不行，那就是自由，一个人可以自由地选择自己的态度，在任何情况下，有选择自己道路的自由。

不杀信使

当周一早上的闹钟把你吵醒的时候，你很难保持一个良好状态。理智上，你知道闹钟是一个有用的工具。但是，情感上，你的大脑好像已经给闹钟判了一个死刑，"要是能砸坏这个该死的闹钟就好了"。

其实在同一时间对同一事物，我们有可能同时抱有正面的和负面的看法，当然这是矛盾的，但这也是我们看待时钟、日历、效率手册和待办事项等"信使"的态度。我们喜欢它们，因为它们给我们搭建起了任务框架，但是我们也恨它们，因为总有被指挥的感觉，好像它们在告诉我们该怎么做。这就混合了"想要做"和"不得不做"两种想法。

我们对"不得不做"的事情总是感到很难，但是对"想要做"的事情就会觉得容易多了。如果我们停止指责信使而积极地想办法，我们就能更有效地使用自己的时间管理工具。

一个有益的想法是，时间是用来衡量生命本身的长度的。在这种情况下，时钟、日历、效率手册和待办事项都是我们的"信使"和"监护人"。我们都希望有更多的时间，因此，我们希望有效地分配时间，这就是这些信使对我们有价值的原因。

给你的时钟设置特别的铃声？

尼克是圣迭戈特许学校高中二年级的学生，通常在这里上学都是在科技方面有些天赋的孩子。跟大多数青少年一样，尼克喜欢熬夜，喜欢玩电脑游戏。尼克是一个玩电脑游戏的高手，而且有好几个游戏他玩得很好。每天他总是很晚才睡觉，转天早上都起不来。尼克和他的父母曾试图用多个闹钟叫醒他，甚至用提供游戏币的方法来让他改掉这个坏毛病。父母严格规定了尼克可以玩游戏的时间。但是起床还是个挣扎的过程。尼克想要改变自己的作息时间，但是即使他在正常时间睡觉，他的头脑依然清醒地想着他的游戏，结果早上还是睡过了。

尼克喜欢最新的技术。有一天，在一个家庭咨询会上，我们正在讨论刚上市的新型闹钟和CD播放机的组合，这种组合可以将任何一首歌曲设定为闹铃的声音。尼克和他的父母达成了一项协议，如果给他买了这个音乐闹钟，他就会按时起床。尼克同意，如果他没有马上起床的话，将把音乐闹钟退回去。作为额外的激励，尼克的父母同意，如果尼克每天早上按时起床的话，那当天晚上他可以额外得到10分钟的电脑游戏时间。

在家里，尼克的妹妹提出了这一想法：如果把闹钟的铃声设置成哥哥最喜欢的游戏的声音会不会更好。这样每次闹钟响起，如果马上起床的话，尼克将立即想到晚上可以多玩10分钟的电脑游戏。这是一个很好的想法，尼克马上下载电脑游戏的曲子，这样他能感受到那种快速、脉动的节奏，而且还是通过他以前害怕的闹钟来实现的。

与你的时间管理工具交朋友

这里有一些可供尝试的提示：

- 给你的效率手册起个能让你发笑的名字，或者用一个古怪的封面。
- 好好对待你真正喜欢的时钟或手表。
- 找一本每天一则小笑话的日历，天天都能笑口常开。

重新定位

你要把自己的时间管理工具看作盟友而不是敌人，因为你正在使用一个强大的被称为"重新定位"的认知策略。这种方法因能改变人们的观点而得名。例如，如果你把观察图片的框架换掉，尽管还是同一事物，但由于角度的变化，你看待这个事物跟以前会有所区别。想想照相机的放大和缩小功能。细节程度的不同和中心的改变使得你不得不用新的方法来重新表述你的图片。

继续留在状态中，排除杂念。赋予时间管理工具崭新的意义，使用有效的信号告诫自己必须采取行动了。如果看书时总是不能专心，便迅速问一下自己是否需要休息一下。如果正处于一天中的低潮，那么就想"我需要一个高刺激的活动"。当你开始分心的时候，不要被动地让思想游荡，而要采取方法重新定位自己损失的注意力，好让自己可以重新回到注意力专区。

重新定位失败和错误

丘吉尔也说："成功者能够从失败中找到失败的原因，而不是从此一蹶不振。"做到这一点有助于你关注自己的努力而抛弃原来的任何结果。生活是一场电影，而不是静止的图片。如果仅凭一次就决定了自己的输赢，那么你将永远停留在这里，尽管生活将继续下去。

如果你做出的决定导致了失败，要分析其原因：你的努力很大程度上依赖于不断学习。不要打击自己，要对自己说："嘿，我为自己的努力感到很自豪。从中我学到了什么呢？"

这说起来容易做起来难。我们的头脑中都充斥着从小我们就学到的"本应该做的事情"，在学校里，我们的考卷上标出我们做错的地方，而不是我们做对的地方。杂志中的广告向我们展示的是模特完美的面孔和身材，让我们感到自卑。听听有关股票和投资的谈话吧，有人高兴地告诉你，他们在 89 美元的时候买了谷歌的股票，但是他们没告诉你尽管现在已经超过 400 美元一股了，而他们早在股价到达 100 美元的时候就已经卖出了。我们的文化传递的信息是："我们希望你是完美的，如果你不是，你就是一个失败者。"但事实是，如果你不犯错误，你做不成任何事情。

你应该重新界定自己的错误，并做出新的尝试。例如，贝比·鲁斯（Babe Ruth）比其他球员击出更多的本垒打，但他被三震出局的次数更多。原因很简单，因为他投球的次数最多！

如果你从以前的错误中得到了经验，那么你可真是个天才。当问及有关灯泡的实验得到什么成果时，托马斯·爱迪生著名的回答是："成果？我已经得到了很多的成果。我知道有几千种方法根本行不通。"

下一次你出现了错误，将它重新定位为成功的阶梯。正如巨星迈克尔·乔丹说过的：

> 在我的职业生涯中，我已经投丢了 9 000 个以上的球。失败过近 300 场比赛。26 次在决定胜负的关键时刻投篮不中。我失败了，而且一遍又一遍。不过这就是为什么我成功的原因。

重新定位"舒适"

想想你曾经到过的某个新城市。当你刚到达的时候，所有的一切似乎都是陌生的、不熟悉的。你会有种失落感。但是，如果你在那里多待上些日子，就会感觉对周围环境熟悉多了。当你准备离开的时候，知道自己有了新的目的地的时候，就会觉得待在这个城市里的日子更为舒适。

为了学到新的事物，我们必须要克服最初的不适应。这有时候被称为"走出你的安乐窝"。你的安乐窝周围都是你熟悉的环境和经验。在安乐窝里，你是满意和放松的。当你跨出舒适的安乐窝时，就好像你初来乍到新的城市，你不得不抛开原有的环境和经验。起初你很可能会保持高度警惕，处处防备小心。但是，随着对新环境的进一步熟悉，了解到更多的信息，你会感到在新环境中游刃有余。于是，你的安乐窝的范围也就进一步扩大了。

你的安乐窝和注意力专区可不完全是一回事。事实上，有时你需要离开舒适区才能重返自己的注意力专区，进而找回自己的注意力。如果你太舒服了，就会感到无聊而难以集中自己的注意力。这时，你必须走出安乐窝，得到些新奇的刺激，好让你的肾上腺素达到理想的分泌水平，让你保持警醒和活力。

在进行心理诊疗的时候，当我向咨询者第一次介绍如重新审视过去、心理排练等心理工具的时候，很多人刚开始都会犹豫或干脆拒绝我的提议。他们往往会说："这让我感觉不舒服。"但是，一周后，他们会认识到，"感觉不舒服"这个借口的实质是他们心里对变化的抵制。他们决定要克服这种抵制情绪并忍受暂时不舒服的感觉。当他们最后看到结果时，他们很高兴最终战胜了自己。

如果你觉得某种认识策略或向自己灌输的某些话语让自己感到"不舒服",那么你需要重新定位在学习新东西的时候的"舒适"感觉。

下一次你需要重新定位"舒适"的感觉时,可以用鼓励自己的话语。

好的,这说明我正在学习新的方法。

我很高兴能感觉到变化。如果我总是做同样的事情,那我怎么能有不同的结果?

我要感到生龙活虎!我要冒险和新发现!

重新定位"害怕错过"

当我的两个女儿上高中的时候,我们三人被邀请参加一个名为《心病难医》(State of Mind)的电视访谈节目,该节目由加州大学圣迭戈分校的有线电视台制作并播出。我记得节目中有一个环节是我女儿和其他同龄的青少年的自由交流。很自然地,参加过多的课外活动成为当时孩子们讨论的话题,有个男孩子说感到很强的挫败感,因为他不得不放弃参加那年春季的篮球比赛。其他孩子都对他深表同情。

我知道我的女儿们也在为同样的事情所困扰。所以我很认真地听孩子们的讨论,她们鼓励那个男孩换个角度来想这个问题。"你要知道你绝不会因为今年没有参加比赛就一蹶不振了,"记得我大女儿明智地说道,"相反,你是个赢家,因为你把自己的事情分出了轻重缓急。优秀的决策者都是这样做的。"

听到这话,能看得出来,男孩高兴多了。(我相信由同龄的有吸引力的异性对他说出这样的话是很有帮助的。)他重新定位自己应该说"不"的情况,而不像以前那样对所有的课外活动都说"是",这也是他有能力掌控自己生活的开始。

重新定位是一个功能强大的对抗"害怕错过"（FOMO）的工具，有关 FOMO 的内容你在本书的第六章已经了解了。对于别人能做到，但是自己不能做到的事情，不要觉得别人就一定比自己强。相反，你应该换一种思维，觉得自己拥有成熟、果断和有控制力的优势。

当下次你很为难才能说"不"的时候，要重新定位，看这对自己来说是一个加号还是一个减号。实践有益的自我鼓励时，你需要这样说：

> 我很骄傲能分出优先次序。
> 我很高兴自己有主心骨，是一个很好的决策者。
> 如果我只是一直说"是"，那么我就错过了掌握自己生活的机会。

心理排练

第六章中，你读到玛丽在准备她的律师资格考试时采用的心理排练的方法。心理排练是一个可视化技巧。这种方法与其他充分的准备工作结合在一起就能够改善最终的结果。玛丽一次又一次地在她的注意力专区中排练自己考试的情形，最终她战胜了自己，没有再出现以前考试时让自己分神的情况。

瑞典体育心理学博士拉尔斯·埃里克曾做出的宝贵贡献是，他发现一些顶级运动员不仅仅进行实际的训练，同时还进行心理排练，排练在比赛现场需要的感觉和心情。现在心理排练已经被人们普遍认识且接受。当你执行任务时，特别是在压力下需要冷静的时候，心理排练能帮助你控制自己的情感和注意力。

运动员往往在大型赛事前几周开始使用心理排练法。他们会不断练习在实践中他们所需要的想法、感觉和行动，直到真正的赛事开始。当运动员在赛事前排练的时候，他们称之为"预先竞争策略"。当他们在比赛中排练的时候，称为"竞争策略"。

当你在某个重要场合中需要保持高度注意力的时候，你自己也可以做同样的事情。如果你要参加某个重要的活动，如一场大考、董事会会议，或公开演讲，你可以采用心理排练法，练习当时你需要如何感受、思考和行动。当你提前练习的时候，那就是你的"预先竞争策略"；当你已经在活动中，需要重新回顾已经练习的内容，要在当时排练自己的感受，这就是你的"竞争策略"。

在心理排练时要放松

心理排练最好是在你放松的状态下进行。许多运动员总是先进行肌肉放松训练，然后才进行心理排练。他们先收紧然后放松自己的肌肉，就好像你在本书第五章中学到的一样。一些运动员喜欢用自我催眠的方法放松，有的则喜欢采用沉思的方式。在你开始心理排练的时候，想想怎样才能让自己放松，是采用肌肉放松法、四角呼吸法还是想象放松法。选择一种最适合自己的方法。

心理排练与关联

当你使用心理排练法时，使用某个关键词或符号让你自己与心理排练联系起来，会让你的排练更加有效。例如，如果你练习在一次重要的销售演示中自己应该如何感受，你可以在排练中重复"自信"这个词。然后，等那天到来的时候，只要你一说"自信"，你就仿佛回到了当初排练时候的心理状态。

给未来的自己写信

如果你期待着未来对自己的挑战的话，你需要一些加强的方法。

第八章 无压力的安排

选择你觉得自己最有力量和决断力的时候,给未来的你写下一张纸条,让未来的你阅读这纸条时,会与你现在一样感到有力和意志坚决。

金正在减肥,但有时她在办公室忙碌一天后回到家时,觉得自己很想大吃一顿。于是在自己仍保持坚定时,她写下了给自己的纸条。就贴在进入前厅,到达厨房之前的地方,于是在某个备受压力的工作日之后,她看到了那张写给自己的纸条:

尊敬的金:

慢下来。深呼吸。想想你所有的努力:平衡膳食和在健身中心的挥汗如雨。继续下去!想想当你能穿上新牛仔裤时的那种奇妙的感觉吧。你能做到这一点。

我相信你,

金

这个策略对要监督孩子写作业的父母也是很有用处的。当你的孩子听话的时候,跟他说你不再每天打断他正在做的事情而提醒他要写作业和复习功课。因为这样做好像是在唠唠叨叨,你和孩子都不喜欢这种感觉。请他写一封给未来自己的信。信可以言语简单、有趣,什么形式都是可以的。

嘿!多德,坐下来开始写作业吧。及时做完,这样你就能出去玩啦。

这是我对你说的话。

让孩子保留信的原件,你则保留一份副本。当下一次到了该写作业的时候,他如果还是迟迟没开始,那么给他个机会找到并读他写给自己的信。如果他不这样做,悄悄地把副本给他。这样,你就不用每天唠叨孩子了，而且他也可以开始掌控自己的时间了。

展望未来

你的生活方式是帮助还是伤害了你的注意力？第九章中，你将学习行为技巧——健康的生活习惯，好让你常驻注意力专区。

第九章
行为技巧

> 一个男人走进了医生的诊室,他一只耳朵里插了根香蕉,另外一只耳朵插了根黄瓜,鼻子里还塞着腌菜。他问医生:"嘿,医生,我生什么病了?"医生看了看他,回答说:"你的吃法不对。"
>
> ——老通俗笑话

行为技巧是我们每天选择的行动,这些行动逐渐成为习惯并且最终塑造了我们。正确的每日习惯可以增强你保持处于注意力专区的基本能力。在这一章,你将学到第八个,也是最后一个钥匙串,这串新钥匙会令你保持思维的健康和专注。

钥匙串 8 健康的习惯

当你决定要改变自己的生活方式的时候,要有耐心。新的习惯需要时间、恒心、大量的自我激励和即时的自我谅解才能养成。正如你在第四章中看到的,大脑是有适应性的,它随着你新的选择而变化,记住这一点很有帮助。你练习得越多,头脑的思考路径就会越强,所以随着时间的流逝,保持新的习惯会变得容易。

这个健康习惯的钥匙串包括三把强有力的钥匙:冷静而专注的生活方式、良师益友和井井有条的生活习惯。

钥匙串 8　健康的习惯

⚬― 冷静而专注的生活方式

⚬― 良师益友

⚬― 井井有条的生活习惯

引火烧身式的习惯很难改掉。无论你的行为对自己有益还是有害,证明其正确性都是人类的自然倾向,因为这样可以避免认知失调。从本质上说,认知失调的意思是你不能同时保持两种互相冲突的想法。所以,如果你相信效率,但是做事拖延了,你的大脑就会即时地假设拖延是有理由的。然后,这个理由就会使你明天的拖延再次被合理化。

为了不陷入认知失调,你需要客观性——自我观察。你需要在你自己和你的行为之间设置一段感情距离,这样你就可以看清自己在做什么而且质疑自己的合理化理由。一个超然的、宏观的角度能让你自知而且客观地接受应有的改变。

设想你在一架小型飞机里,飞行在海拔 3 000 英尺(914 米)的高空,地面上的房子、人和汽车看起来就像火车模型里的微缩景观。从这个角度,你可以鸟瞰自己和你现在的习惯。现在,在读这一章的时候,你要保持在 3 000 英尺的高度,你的视角会帮你选择有利于保持注意力的生活方式。

冷静而专注的生活方式

我们都深刻地意识到健康生活方式的重要性,但是大部分人还有改进的余地。了解你要采纳的建议的合理性,并且理解你的选择对自己注意力的影响是很重要的。在这一部分,我们将涉及:(1)充足的睡眠;(2)优质营养;(3)明智地运用刺激;(4)健身;(5)放松和娱乐。

充足的睡眠

昨晚你什么时候睡觉的?今早什么时候起床的?是不是一觉睡到天亮?睡了几个小时?你是不是一贯如此?

虽然人们有个体差异,但是大多数成年人要保持八个小时的睡眠才够用。调查显示睡眠缺乏的症状——注意力减退——通常会在一个成年人睡眠不足七个小时的时候开始显现。如果你睡觉的时间少于七个小时,你需要更充足的睡眠——不过不止你一个,60%以上的美国人每晚睡眠时间少于七个小时。

现阶段的研究表明睡眠不足和注意力缺乏障碍(ADD)之间存在很大关系。睡眠缺乏的人有和 ADD 相似的症状,而且 70%~80% 的 ADD 患者有睡眠障碍。最普遍的问题就是为了睡眠而放慢大脑的工作。

另一个普遍的睡眠问题是面对咖啡因的两难。如果你昨晚没有好好睡觉,今天就会喝更多的咖啡,这又会令你今晚更难以入睡。

让你睡个好觉的小窍门包括:

- 减少咖啡因的摄入,而且只在早上饮用咖啡。
- 每天在大约同一个时间睡觉和起床。

- 睡觉之前不要有过度的刺激，特别是不要看暴力或者恐怖的影视节目。
- 养成放松的睡前习惯，譬如听轻音乐或者看激发灵感的读物。
- 把卧室布置成毫无压力的环境，没有工作提醒，没有必须要做的事情。

优质营养

平衡的大脑化学环境始于平衡的膳食。食物是大脑化学物质的原材料来源。为了让大脑在你需要集中精神的时候供给充沛的精力，你需要燃烧缓慢并且能持久地提供工作所需的燃料。

糖。现阶段的研究表明，对于大多数患 ADD 的儿童来说，糖分不会导致 ADD 的症状。美国国家健康研究所进行了一项双盲研究，在研究中，父母、工作人员和患 ADD 的儿童都不知道哪些天给患儿吃了糖。结果，患儿的行为和学习在吃糖或不吃糖的日子里没有明显的差别。另有研究表明，"法因戈尔德饮食"（Feingold diet，除去食物中的添加剂和精炼糖）会减少症状，但是只对 5% 患 ADD 的儿童有效。

尽管这些研究给我们一些信息，它们还是无法取代常识。不知为小孩开生日晚会的传统是从什么时候开始的，但母亲们一直都知道最后要上蛋糕和冰激凌。大脑要代谢葡萄糖，而葡萄糖是我们的身体从食物中获取的糖的一种形式。复杂的碳水化合物会缓慢地变成葡萄糖，而精炼糖会很快转化为葡萄糖。这样，你的能量形式反映了你体内血糖的水平。

在任何年龄，无论你是否患有 ADD，过多的糖分都会令你觉得一时精力充沛，而后却会疲劳倦怠。最好明智地选择糖的摄入量，保持平衡状态。

第九章 行为技巧

血脑障壁。酒精和咖啡因都会影响注意力。了解"血脑障壁"会帮助你做出正确的选择。

这个障壁由总长将近 400 英里的高度分工的毛细血管组成,它细致入微地保护我们的大脑。它几乎可以阻止全部在我们体内其他地方可以自由通行的化学物质,只允许水和重要营养通过。但由于一些像酒精、尼古丁和咖啡因这样的物质分子结构简单,它们可以通过血脑障壁。这就是为什么它们可以改变我们的思维和感觉——通过了障壁,直接作用于大脑。

血脑障壁就像一个很严格的秘书,控制着通向老板办公室的道路。它允许大脑执行至关重要的职能而不让大脑在无谓的或有害的干扰上浪费时间。所以,如果你想减少酒精或咖啡因的摄入,又不打算牺牲下午的红茶和傍晚的红酒,你可以重新安排自己的选择。在实际生活中,我们知道,越是重要的首席执行官,就越难见到。所以,你现在有个更严格的新秘书,因为你大脑的"首席执行官"——让你保持在注意力专区的脑区——就是这么重要。

酒精。适量的酒精可以让人放松和开心。它是好的消遣,却对思考的锐度无益。仅仅一杯就能让你思维模糊。酒精可以让你反应迟钝,短期记忆力减退,控制力丧失,从而令你更难抵御各类干扰。尽管人们代谢酒精的速度不同,大部分人在喝了一杯以后,血液里的酒精含量就会增加 0.2~0.3 个百分点,而每个小时会代谢 0.01~0.15 个百分点。

取一个参照点,美国大多数州规定 0.5%~0.7% 的血液酒精含量为"疑似酒后驾驶",而大于等于 0.8% 的血液酒精含量为"确定酒后驾驶"。酒精含量在 0.02% 时,注意力减弱就已经显现,而且不能马上恢复。这是因为酒精提高了多巴胺和去甲肾上腺素的流转率。所以,饮酒以后，你需要一些时间重新补充这些可以让你保持在注意力专区的大脑化学物质。

如果喝得太多，你可能一两天都不能恢复注意力的最佳水平。这是因为酒精破坏了你睡眠的"结构"。换句话说，它打乱了你的脑波循环，而脑波循环形成的快速眼动状态（rapid eye movement，REM）是你补充大脑化学物质所需的。在睡眠实验室，当实验对象被允许睡眠但不被允许进入快速眼动状态时，他们就会缺乏睡眠而且疲劳。由于相同的原因，当你有飞行时差反应时，如果饮酒，就会恢复得更慢，这点会在第十一章讲到。

咖啡因。在全世界，唯一比茶消费量更高的饮料是水，而咖啡可能会后来居上。根据《国家地理》2005年的一篇文章，"每一个工作日，星巴克会在我们这个星球上开四家新店，雇用200名新员工"。

咖啡因是中枢神经系统兴奋剂。适量饮用可以增加警觉性，减少疲劳，特别能提高在单调条件下需要持久注意力的工作表现。当过度饮用时，副作用包括情绪不安、神经过敏和焦虑。尽管它可以延长清醒的时间，但不能取代睡眠。当它作用消失的时候，兴奋的情绪就要恢复正常。

咖啡因可以很快地被血液吸收。它平均的半衰期——身体清除一半消费量所用的时间——是3~7个小时。换句话说，晚上7点你还在代谢大约一半下午2点饮用的拿铁，而晚上11点你体内还有1/4的咖啡因在消化。通常，清除其中的95%就需要15~35个小时。

咖啡因的半衰期差异很大，取决于年龄和很多其他因素。吸烟会令半衰期减半，而避孕药会令它翻番。所以记住，别人在点咖啡的时候，你要小心。别和其他人比，你的大脑和状态和他们是不同的。

了解饮食中咖啡因的大致含量是有帮助的。根据斯坦福大学的一项研究报告和《国家地理》的文章：

12 盎司现磨咖啡（星巴克小杯）——200 毫克

12 盎司速溶咖啡（星巴克禁止的）——145 毫克

12 盎司低咖啡因咖啡——7.6 毫克

6 盎司浓缩咖啡——240 毫克

8 盎司红茶——50 毫克

8 盎司绿茶——30 毫克

20 盎司可乐——57 毫克

64 盎司山露汽水——294 毫克

8.3 盎司功能饮料红牛——80 毫克

2 片 Excedrin 止痛药——130 毫克

6 盎司巧克力——25 毫克

明智地运用刺激

现在既然你知道要保持在注意力专区需要什么，你就知道策略地运用刺激的好处了。这样可以通过分泌更多的肾上腺素提高你的活力水平。但是，正如你在第三章读到的，你用的刺激越多，对刺激的耐力就越强。同样的刺激不会产生相同的提高量，所以你就得用更多的刺激来维持同样的活力水平。

刺激是很有吸引力的，但是作为一个习惯，最好还是把它控制在尽量低的水平上，因为只有这样，在你需要处理一项单调的工作或者需要超长时间工作时，才不至于用极端的方法。低水平刺激可以让你保持清醒。在一个位于波士顿的布莱根妇女医院进行的研究中，16 个研究对象在清醒的时候每隔一个小时吃一片药，他们不知道药是咖啡因还是安慰剂，结果表明频繁的小剂量的日间咖啡因比起床后一大杯咖啡更能让人保持清醒。

要明智地选择刺激，就要知道你需要多大刺激，需要多长时间的刺激，还有距离睡觉时间有多久。

咖啡因的策略。我们经常摄入超过实际需要量的咖啡因，不仅是因为我们已经有了对咖啡因的耐力，还因为它们出现在菜单上的样子。称某款产品"小"，不是个好的营销方法。

在星巴克，你可以买"高杯"、"大杯"和"超大杯"（有些地方有小杯，但是从来没有在菜单上出现过）。当你的目的是打发无聊时光时，你就会点最大号的，这样你就可以尽可能长时间地啜饮。但是你喝一杯超大的普通咖啡和喝一杯超大的低咖啡因咖啡所用的时间是一样的，而且你也可以通过要求按比例混合两种咖啡调整咖啡因的摄入量。我们来算一下（这些估计仅包括如家常咖啡之类的普通咖啡，不包括浓缩咖啡和特质饮料）。

	低咖啡因	普通	混合
小（12 盎司）	7.6 毫克	200 毫克	7.6～200 毫克
中（16 盎司）	10 毫克	267 毫克	10～267 毫克
大（20 盎司）	12.5 毫克	334 毫克	12.5～334 毫克

当你要一半普通咖啡和一半低咖啡因咖啡，或者 2/3 低咖啡因咖啡和 1/3 普通咖啡的时候，你就给了自己更多的选择和更多的控制权。实际上，"慢慢减"是用来周期性减少咖啡因摄入量的好办法。假以时日，你就会在混合饮料中渐渐地减少普通咖啡，而增加低咖啡因咖啡。

电子刺激。今天电子娱乐的增长是史无前例的。一方面，高质量的节目提供很多新闻、综述和流行笑话，很多视频游戏可以增强逻辑推理、抽象思维和协调能力，这些能力在生活的其他方面也会用到。譬如，在一个研究中，每周玩"超级猴子球"游戏超过三个小时的外科医生在进行腹腔镜检查（需要一个微型摄像头和一个控制杆进行切割和缝合）时技术比其他医生更好。

另一方面，电视会浪费时间，令你头脑麻木，使家庭关系变淡。有警告说，66％的美国家庭在吃晚餐的时候以看电视代替相互交流和每日工作学习之后的重聚。大多数戒瘾中心现在都有针对滥用互联网和沉迷网络视频游戏的治疗方法。

•闪烁。电闪烁是指从视频屏幕上迅速发出直达大脑的光脉冲，我们还不知道它对大脑的影响。但远从发现火的那时起，我们就知道闪烁光会导致意识的变化。古代的巫师和游吟诗人都利用篝火的魔力渲染自己的故事。

科学家开发出视速仪来研究闪烁的影响。他们发现，闪烁会改变脑波的模式，但不是所有的闪烁效果都一样。篝火的闪烁会引起一种大脑一致性的令人放松的脑电图（EEG）模式，而电视或者视频的闪烁尽管也有一定催眠作用，但会对脑波有破坏性的影响。

•电视和注意力。一个发表在医学杂志《儿科》上的研究表明，看电视和儿童后来的早期注意力缺乏有很大关系。研究把1 300名儿童在1～3岁期间看电视的小时数和他们在7岁时的注意力问题指数联系起来，经常看电视的儿童的注意力问题指数很可能是最严重的，为10％，儿童每多看一个小时电视出现注意力问题的概率就会增加10％。美国儿科学会建议小孩从出生到两岁期间都不要看电视。

•电子设备与自我觉醒。如果你使用电子设备时还想保持平衡的话，可以练习一下第五章学到的自我意识方法。养成一个自问的习惯："我为什么现在没这么做？"跟读书不一样，互联网的浏览永远没有最后一页，你必须要决定何时停止网上搜索，决定何时要与家人、朋友或大自然在一起。在第十章中，你将学会在浏览网页的时候如何保持较高的效率。

从滥用刺激之中解脱。任何时候用药都会损益参半，好处总是伴随着风险。有些刺激确实不太好，它们虽然可以增加肾上腺素，提高你的警觉性，却会损害你的大脑和身体。你付出的多，回报却少。

在当今世界，刺激对我们有很大的吸引力，而且我们每个人有不同的上瘾临界点。如果你觉得自己需要专业的治疗，那么就去找专业人士。设想如果能重新找回生活的平衡该有多好。

健身

有规律的锻炼可以降低令你感到压力的化学物质水平。去甲肾上腺素水平低，你的大脑就会处于平衡的化学状态，你就可以保持在自己的注意力专区中。

在实践中，我发现当人们习惯于某些有规律的锻炼以后，他们保持冷静和注意力集中的能力就会显著提高。就像一位女士所说："我锻炼以后，脑筋转得快了。"

武术、网球或者高尔夫球这样的运动需要学习和持续地练习注意力集中的技巧，而任何运动都会帮你补充令大脑思维清晰的化学物质，并且减少让大脑易于受干扰的化学物质。

什么是保持注意力最好的运动？答案很简单，就是你喜欢的而且会去做的运动。

放松和娱乐

药物治疗、生物反馈、自我催眠、瑜伽、祷告、跟家人安静地共进晚餐……所有有规律的减压活动都会增强你的注意力。

脑部成像研究表明，每日思考会有某些益处，我们在第四章已经讲过。在实践中，我接触过享受冥思的人，也有一些人试图这样，却发现他们不合适。生物反馈和自我催眠也是同样。所以你要找到一种适合自己的方法，从一些简单的、自己喜欢的事情入手，譬如散步。

在第五章，你学到了放松的方法，它可以在你紧张、发怒或处于亢奋或低沉的状态时降低肾上腺素水平。如果你想看到自己在压力下保持冷静的能力有确实的进步，那么试试每天花些时间放松。

放松和逃避。有时候放松很难，因为你不想处理的思想和感情总是挥之不去。实际上，有些人让自己忙得团团转就只为逃避一些不愉快的情绪，譬如罪恶感、仇恨或者焦虑。

当你对解决问题束手无策的时候，做些其他事情是个不错的办法，正如你在第六章中学到的替代思想法。但是如果把忙碌当作感觉不好时的自动解决办法，你就屏蔽了自己解决问题的能力。

当你感觉悲伤、烦躁或者焦虑的时候，慢慢放松下来问问自己为什么，这时候看看会发生什么。你觉得孤独？有人惹你恼火？令自己紧张的经济状况？然后看看自己在冷静地发现问题并且寻找理智的解决方法后会发生什么。

> 加里是一个忙碌的有上进心的房地产经纪人，无论多忙他都要给家人留出时间。但是最近他经常在办公室待到很晚，或把工作带回家。最后他太太坚持要一起度过一个放松的周末。起初加里还反对，但是太太已经安排好在他最喜欢的山间小屋过夜。星期日开车回来，他们谈起一起度过的快乐时光。在回忆时，加里想到他很快就要过生日了，而且他第一次把最近的不寻常行为和自己即将步入四十的事实联系起来。他向妻子承认，在他从前的设想中，自己在这个年纪应该成为独立的经纪人。当他意识到这一点的时候，压力消除了，他和妻子于是开始筹备建立自己的

公司。

逃避就像是一片漏雨的屋顶。下雨的时候,外面太湿,你就不能上去修葺屋顶,但是天晴了,谁会介意屋顶漏了呢?当处于危机之中或在命运的暴风雨中时,你没有时间和资源断定如何才能免受伤害,但是当灾难过去,你就有能力找出办法了,除非你任由各种干扰令自己忙碌和麻木。

最难对付的"A型"人说他们不能放松。如果你也是这样,就用重新定位的策略。要决心承受学习新事物最初的不适,然后你会发现,这个简单的新习惯会带给你更多保持注意力和平衡的力量。

学会放松。每日冥思的佛家僧人可以降低自己的心率并且控制其他所谓的非自愿"自主神经系统"功能,而其他人却不能。譬如,你可以很快地直接举起自己的右手,但是如果要降低自己的心率,你需要通过一种被称为"被动自主"的更微妙的方法来保持平静和放松。

一个有效的降低自主神经系统功能的方法就是"放松反应",这个方法由赫伯特·本森(Herbert Benson)医生开发,包括以下四步:

1. 闭上眼睛。
2. 放松肌肉。
3. 慢慢地深呼吸。
4. 重复一个简单平静的字、词或短语,赫伯特·本森医生建议用"一"。

当我在压力管理的讲习班教授"被动自主"的时候,我讲了这样一个故事:

> 假设一个外星人来到地球上,在他们星球上没有睡觉这回事,

他看到我们睡着了，而且看起来那么平静。然后他听我们描述梦中惊人的幻想，就想学习睡觉。你会怎么跟他说？

人们通常会说"找个黑暗的安静的地方"，"躺下闭上眼睛"或"数羊"。

我回答说："没错。把你们的答案合起来，就是要告诉他模仿一个即将入睡的人。这就是我所知道的'被动自主'最好的定义。你模仿一个放松的人直到自己也放松下来。"

感激。20世纪70年代，我有幸参与了生物压力的发现者汉斯·塞里（Hans Selye）博士组织的最后几次教学研讨会之一，塞里博士告诉我们说，唯一能与压力抗衡的思想就是感激。我把他的话珍藏起来，因为这与我的亲身经历产生共鸣。当我被研究生的生活——论文、考试、入不敷出——压得透不过气来时，重复一段感激的话心情就会好一点："能有这样的机会我很感激"，"为我学到的一切深表感谢"，"很庆幸我还有这么多钱"。

多年以后，科学家们了解到更多的脑部化学物质，塞里博士很明显走在了时代的前头。事实上当我们心怀感激时，我们会分泌复合胺，它可以减缓造成压力的化学物质的分泌。换句话说，感恩的想法降低了引起亢奋或消沉情绪的脑部化学物质——去甲肾上腺素的分泌水平，并把我们带回放松戒备的状态。

或许你自己已经发现了这种影响。下次再被周遭的压力袭击时，记得用表示感激的自言自语来对抗压力：

- 我感谢生命、健康、亲人、朋友和家庭。
- 我感谢今天。
- 我很高兴拥有现在的一切。
- 对＿＿＿＿＿我尤其感激。

- 此时此刻，我感谢_____。

幽默。开心是天然的刺激，笑也能减轻压力。我们总认为要使自己更集中，就得一本正经。但往往相反，为了保持注意力，我们需要放轻松。

有个关于飞机上三个人的老笑话：一个年老的神父，一个大学生和一个世界上最聪明的人。引擎失灵，飞行员弃舱逃走了。在跳伞之前，他告诉另外三个人，只剩下两顶降落伞了。世界上最聪明的人宣称，他有责任为了后代保护自己，然后跳伞走了。年老的神父对大学生说："我的孩子，你把最后的降落伞拿去吧。我活得够长了，也很充实，你才刚刚开始。""别担心，神父，"大学生说，"聪明人拿的是我的背包。"

信念，而不是恐惧。当你对自己的能力、未来和生命有信心时，你就会建立起一个强大的脑部化学环境来维持注意力和动力。使用激励式的自言自语是有益的，譬如"我能学会这个"，或者重复"信任"或"是的"这样的锚术语。

运动员们在突破自己的极限时，或者要再多跑1千米，多举10磅的时候，会说："我能行。"当你觉得枯燥和分心，无法面对无聊的工作时，也试试这个方法，说"我能行"，由衷地，就像支持一个好朋友那样。

一句话，信念与恐惧的神秘斗争是在分子水平上进行的。持续的、有信念的自我暗示和自信会增加血液中的复合胺，调节多巴胺，抑制去甲肾上腺素。信念获胜，恐惧失败。

运用每个能想起来的策略——自言自语、重新定位、替代思想——保持自己的信念。这样做，可以帮你分泌有助于保持注意力的大脑化学物质。

⌿良师益友

如果要提升生活中的注意力,你得交一个同样重视这一点的朋友。镜像神经元——大脑中社会学习的机制——使我们影响我们的伙伴,也同时受到他们的影响。如果你的朋友生活得平衡有条理,你会自然而然地学习这些品质。

一个朋友可以帮你达成目标,也可以无意地让你远离目标。如果你的朋友有长远的目标,你们可以互相支持,令对方保持自己的注意力。如果他们没有目标或者沉迷于自己的目标,就会把你拖向倒 U 形曲线的某一端。

每个人都需要一个发泄的途径,但是牢骚太多的朋友会浪费你的精力。为发牢骚设置一个 10 分钟的时限,无论好坏,我们的大脑都会和那些与我们共度时光的人的大脑保持同步,所以要让镜像神经元为你的利益发挥作用。

良师即益友

经受压力时,朋友的支持尤为重要。朋友可能是同事、家人,甚至可能是导师。

> 在得州达拉斯的巴克兰纪念医院做实习生的时候,我和一个聪明的获得国际奖学金的年轻人倒班。他远离家庭和亲人,一开始被项目的种种要求压垮。上班迟到,跟不上论文的进度,而且丧失了集中注意力的能力。那是 1975 年,还没有现代的抗抑郁技术。我和其他实习生也都觉得无助,几乎不能自保,更没法帮他分担。

神经病学科的主管向这个年轻人伸出了援手。他们谈了话,并且从那时开始,主管每天会以个人身份叫他起床,每周三次带他去消遣放松。这个简单的方法效果惊人,几周之内,那个实习生就恢复了一贯的好表现。

伙伴作用大

如果你有一个需要增加动力的目标,打电话给一个志同道合的朋友,约个时间见面。调查显示,朋友圈子可以帮助人们保持新习惯,健身就是一例。同样,如果你在家办公,在时间表上加一个约会能让你整天的安排有条理。

想一想支持你的三个朋友。你如何定义你们友谊的性质?你最后一次打电话是什么时候?主动联系能令他们觉得你真的惦记他们。

写下三个益友的名字、你们最近一次联络的时间以及计划下次联系的时间:

益友名字	上次联系	下次联系
_____	_____	_____
_____	_____	_____
_____	_____	_____

找到益友的最好方法就是让自己成为这样的人。花时间支持你的朋友:

- 有规律地和他们联系,把信息写在时间表或者手机上。
- 让他们知道你重视你们之间的友谊。
- 做个好听众,随时给他们你全部的注意力。

当我想到镜像神经元的时候,我想起来我们骨子里头都是社会产物。看到小孩子嬉戏我也会这么想,有时候他们想要的全部就是和好朋友一起度过时光，这令他们觉得快乐和有力量。

罗伯特·路易斯·史蒂文森（Robert Louis Stevenson）曾经说："朋友是自己赋予自己的礼物。"做你好朋友最好的礼物，也给自己最好的礼物。

⌇井井有条的生活习惯

杂乱无章会导致分神。你的眼睛和大脑有太多的地方要游逛。照片、艺术品、令人愉悦的小装饰品可以提供令你保持注意力的刺激，但是一堆堆的纸张和乱放的东西会分散你的注意力。

混乱来源于延迟的决定。思考一下，你不想处理这些文件、杂志、财务记录、废纸或者小孩手工的真正原因是什么？无从决定，是不是？你不想丢掉它们，但也不保证要留下它们，所以就不去收拾。

把垃圾邮件删掉没有什么问题。保留你的退税记录也没有问题。但是一些可扔也可留的东西要怎么处理？你也不确定。因为不确定会导致焦虑，你就以随便乱放当作回避的方式。你把它们"暂时"放在架子上。

我们都知道，处理文件只要一次。行动起来，把文件收拾好，或者丢掉它们。问题在于知易行难。清理各种混乱尤其是这样，电脑文件、家用品，甚至包括社会义务。一个改善的办法就是理解混乱背后的心理学力量，然后克服它们。

对损失的厌恶

2002年，丹尼尔·卡尼曼（Daniel Kahneman）博士因其对人类在不确定的情况下做出选择的研究而获得了当年的诺贝尔经济学奖。他和阿莫斯·特沃斯基（Amos Tversky）进行了一系列实验，表明情绪是如何影响人的决定而定位又是如何影响情绪的。

研究结果显示，人类表现出对损失的厌恶。换句话说，比起实现收益，人类会为避免损失冒更大的风险。在一项研究中，假设有两个选择：确定得到 3 000 美元和有 80% 的可能性得到 4 000 美元。大约 80% 的研究对象选择了确定的 3 000 美元。但是，当面临确定失去 3 000 美元和有 80% 的可能性失去 4 000 美元的选择时，只有 8% 的研究对象选择了确定的 3 000 美元损失。大多数人——本案例中 92% 的人——不愿面对失去他们认为有价值的物品，所以选择拖延，希望未来就可以不必面对了。

对损失的厌恶可以解释混乱是如何累积起来的。我们不确定哪些是有用的，哪些是没用的，所以我们就延迟做出决定，即便将来的损失可能更大。我们牺牲了一些生活空间，这样就不用面对丢掉某些将来可能需要的东西的选择。

禀赋效应

另一个混乱背后的心理因素就是禀赋效应：大多数接受赠与的人会比自己得到之前，也比其他人更看中赠与物。

这一效应最知名的例证就是康奈尔大学进行的一项实验。在实验中，调查人员随机给学生分发一只马克杯或者一根巧克力棒，每个都标有相同的价钱。在那之前，研究人员假设喜欢两样物品的同学会各占一半。分发之后，他们让所有的参与者都有机会和别人交换。只有 10% 的人最后进行了交换，而不是经济学理论所预测的 50%。

你房子里的布置对你比对其他人更有价值，因为是你选择和使用这些布置，它们满足了你的个体需求。然而根据禀赋效应，你看中它们不仅仅是因为它们的功能，还因为它们是你的。

以重新组织还击

关于选择的研究表明问题的用语可能会改变答案。在一个调查中，人们可以接受以通货膨胀换取失业率从10％降到5％，但是不愿意换取就业率从90％提升到95％。**我们的行动通常取决于选择出现的方式。**

要清理混乱，可以在准备延迟做出决定的时候重新组织你对自己提出的问题。少想想你可能会因为丢掉某物失去的，多想想你会得到的：空间、条理和高效的工作环境。

下面是一些令人安心的自言自语，可以帮你消除损失带来的苦闷。你也可以自己加上一些：

❏ 我在为工作、休息、呼吸创造空间。

❏ 桌子干净了，我的思路也清晰了。

❏ 面前的空间变大了，我会觉得更放松。

❏ 井井有条的房间，井井有条的思路。

❏ 我省下了找东西的时间。

❏ 知道自己可以随时找到需要的东西，这种感觉真好。

❏ 我喜欢感受自由，我拥有那些东西，而不是它们拥有我。

❏ _____

❏ _____

另一个战胜损失厌恶的办法就是重新定义损失，给它一个积极的含义。例如，你可以把我们大多数人想要实现的减肥用作比喻。试试下面的话，你也可以加入自己的：

❏ 我喜欢变瘦的感觉——身体上、办公室里，还有我家。

❏ 我花了好几个月才减了几磅，可是这个重量我一下午就能减下去。

❏ 在我的工作环境里，简洁就是高效。

❏ _____

伤感的因素

有些时候,家里的混乱很难清理,因为我们的用品被赋予了个人记忆。我们怎么能丢掉那些填充玩具、陈年贺卡,还有那些与我们要保留一生的情感相联系的纪念品呢?

一方面,数字科技能提供很大的帮助。你可以在把纪念品丢掉之前拍张照片。当小朋友长到一定的年纪要和自己从前的玩具道别的时候,这个方法尤其不错。另一方面,数字科技也会制造新的混乱。当相机还在用底片的时候,你大概会给每个纪念事件拍十张照片,现在,每个人都给你发数字照片,你有好几百张。随着计算机的数据容量增长,你的混乱也跟着增加。

要减少数字混乱,你可以坐下来,整理自己的文件,好好利用你的软件,也可以增加新的硬盘。第十章会教你怎么整理自己的电脑。但是,丢掉自己的旧书、小摆设等需要勇气。你得和那种把记忆握在手中的感觉说再见。

为了清除家里的混乱,一个有效的重新定位就是让自己向前看,而不是回忆过去。你在为自己的将来创造生存空间。如果你把放弃的物品捐给慈善机构,它们将发挥更大的作用。少想想过去,多看看未来。

下面是一些有用的自言自语,帮你清理居家混乱:
- 这些记忆存在我的心里,在那儿它们是最重要的。
- 我相信生命会在我需要的时候让我回忆起这样的感觉。
- 有些人比我更需要它。
- 能拥有它们我很感激,而且我要向前看。

(现在请看第三部分。)

第三部分
数字时代的成功策略

你的口袋里已经有了叮当作响的新钥匙串，现在你要把它们用到合适的地方。它们有些可以帮你找到解决日常问题的答案，有些会赋予你达成个人目标的动力和方向。

在第三部分，你将学会如何在今天这个充满诱惑的世界里使用你的新钥匙串。第十章将说明这些智慧之匙如何帮助你处理干扰和信息过载。第十一章将展示如何在工作中使用这些钥匙。第十二章将为你指出了解注意力缺乏障碍（ADD）的新途径，同时，你还将了解到拥有这些智慧之匙对你和你的孩子有什么益处。

通过运用这八串智慧之匙，每一个人都能够战胜干扰和信息过载。

第十章
智胜干扰和信息过载

> 您现在收到的是一条自动回复信息,因为我现在不在办公室。如果我在的话,您将不会收到任何回复。
> ——2006年网络流传的"最好的外出自动回复"之榜首

本章将会教你一些策略,这些策略会帮助你应对在这个纷繁世界的职场上经常出现的两大问题:干扰和信息过载。实际上,如果你在工作中读到这一章,你现在可能已经受到了干扰。

处理干扰

格洛瑞亚·马克(Gloria Mark)是一位信息学教授。2004年,她和她在加州大学欧文分校的研究团队深入一些高科技公司的办公室展开调查,在对公司职员进行了1 000多个小时的影子式观察之后,得出了这样的结论:职员们平均投入一个项目工作11分钟后就会被打断,转而进行其他项目的工作,而他们平均需要花费25分钟才能回到原来进行的项目。

马克博士的研究还有其他的发现：并非所有的干扰都是负面的，干扰职员们注意力的电话或者电子邮件经常会给他们带来工作所需要的信息。这一研究发现与早先发表在《管理学评论》上的研究结论是吻合的：干扰是当今人类工作的一项内在属性，有人甚至说我们是"被干扰驱动"的。所以，要完全消除这些干扰是不合理的，我们真正的目标是要改进处理这些干扰的方法。

在外太空的注意力专区

2005年，在为《纽约时报》撰文时，克莱夫·汤普森（Clive Thompson）提到干扰既是至关重要的，也是有代价的。他建议"或许我们可以找到一条理想的中间道路"。他接着描述了认知心理学家玛丽·切尔文斯基（Mary Czerwinski）博士在美国宇航局所进行的工作。

宇航员们在专注于他们价值连城的实验的同时还要监督宇宙飞船的安全。他们需要能够引起注意但又不会打断他们专注思考的预警。充斥文字的屏幕可能不会引起他们的注意，而警铃大作很可能会打断他们的思路。切尔文斯基博士建议用一个几何图形来实现这一功能——该图形边缘的颜色可以根据其所预警问题的严重程度而变化。这个解决方案形象地解释了汤普森所说的"中间道路"——宇航员的注意力专区（见图10-1）。

请观察这条倒U形曲线。充斥文字的屏幕缺乏足够的吸引力，所以宇航员的反应会落在过于迟钝的区域。而警铃大作又会刺激过多的肾上腺素，从而导致宇航员的反应落入过于兴奋的区域。只有可变换颜色的几何图形可以达到温和预警的目的，使宇航员意识到警报的同时保持在注意力专区。

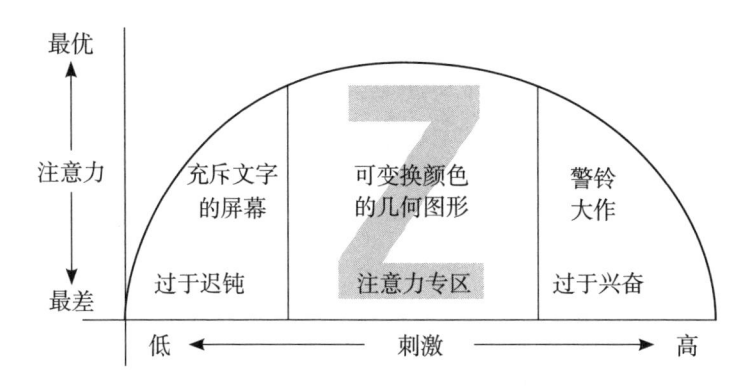

图 10-1　宇航员的注意力专区

个人控制

在地球上，我们通常不会选择干扰注意力的形状和颜色。但是我们可以控制自己，也可以控制干扰发生的环境，还可以保持自己的注意力专区。

你在第二部分中学到的知识可以帮助你处理干扰。譬如，你可以运用坚守自我技巧来设置底线和做出拒绝，或者用自语技巧来引导自己回到原来的工作。良好的习惯也会有帮助，譬如，井井有条的生活会给你创造一个轻松处理突发事件的工作环境。

抗焦虑技巧会帮助你应付那个最爱打搅你的人：你自己。设想一下，正在开会的时候你却开始担心一些事情，这就会分散你的注意力，而你的注意力不集中，就不会听到别人在说什么。然后你又会担心自己漏听了什么内容从而觉得更加焦虑和难以集中精神。这时候运用抗焦虑技巧，你就会停止这个恶性循环，找回你的注意力。

运用上述技巧可以让你了解什么是个人控制，那就是在压力冲击下保持自己的注意力。没有这样的个人控制，你或许也可以处理一些干扰，然而迟些时候你会为此付出代价。

大卫·格拉斯（David Glass）博士在 1971 年证实了上面的结论。他让一些大学生在一间屋子里做题，而屋子里断断续续地传出一些没有规律的噪声。其中一组被告知有个信号能用来停止噪声，但是他们不可以使用这个信号，学生们照做了。而另外一组完全不知道如何制止噪声。在噪声持续的 24 分钟内，两组学生的表现是相同的，看起来他们都已经适应了噪声。而后，学生们被带到另外一个房间在安静的环境中做校对工作。这个时候，他们出现了明显的差异。在第一个实验中可以控制噪声的那组学生表现得很好，显得毫无压力；而在第一个实验中无法控制噪声的那组学生显得压力很大，表现得远不如另外一组。这个至关重要的差异就是个人控制造成的。

有起码的个人控制感是必要的。如果你无法控制任何外物，至少你还能自我控制。这样一来，你就不会像格拉斯实验中的那些毫无选择的学生一样，很快精疲力竭。你可以保留足够的注意力使自己持续工作，并且有能力处理接下来产生的干扰。

计划自己新的开始

另外一个体会个人控制的方法就是策略性地选择最合适的时间和地点开始新的项目。研究表明，人会比较容易返回一个进展顺利的未完成项目。用物理学的术语讲，此时你有足够的动量。因此，当你需要开始一个新项目的时候，先检查一下自己的时间表，选择一个足够长的时间空档来保证一个坚实的开始。你甚至可以在同事不在的时候专程到办公室跑一趟。

如何从干扰中恢复？

据汤普森的研究，当一个干扰结束时，职员们有 40% 的可能性偏离了原来的工作。这就解释了为什么职员们需要25分钟才能回到原来被打断的工作。一个原因是短期记忆的流失：你记不起来刚才应该做的事情。另一个原因是动机性的：你就是不想记起来。

你如何才能记起自己在被打断之前要做的事情呢？要不要在目之所及的地方写上打算要做的三件事？还是用即时贴把即时的提醒贴在电脑屏幕边上？现在工作中的干扰太频繁了，以至于组织专家都建议我们最好有规律地使用某些方法把正在进行的工作放在一眼就能看到的位置上。

早期的实践者

切尔文斯基博士后来去了微软做调查。在那里，她发现很多人的电脑主机有两台或三台显示器。他们在不同的显示器上放置不同的应用软件，譬如，电子邮件系统和网络浏览器放在一台显示器上，这台显示器被放在一边，而他们主要的工作放在一台正对自己的显示器上。他们说这样感觉从容而且工作效率高。

切尔文斯基博士决定检测一下这种多显示器工作环境的效果。她请15位志愿者参与，要他们先后在15寸的显示器和42寸的显示器上集中精力工作，工作效率果然有明显的提高。显然，同时使用多台显示器的技术工作者本能地知道他们这样做的好处。

想象你在清理一个壁橱。你的东西越多，就需要越大的空间存储这些东西。我们的头脑也需要在一个视觉范围内——一个房间，一张打印纸或者一台显示器内——组织和筛选最重要的信息。而且，多出来的显示空间使你所有的工作都直接摆在眼前，你就可以很轻松地返回被打断之前的工作。

早期的实践者最先将新的机件和科技应用于工作。在读到关于多显示器研究的文章以前好几年，我就已经在一个技术工作者的博客里发现了这个方法。当我开始准备写作本书的时候,我先生给了我一块19寸的屏幕用作我的第二台显示器。现在,我非常喜欢这个方法。它使我开展研究和校稿都更加方便,因为我可以在阅读参考文献的同时写作。我遇到的干扰和从前一样多,但是把所有进行中的工作都放在一眼可以看到的地方使我觉得有控制力。我可以接电话,也可以用第二台显示器处理干扰,然后轻松地回到我的主显示器重新投入工作——就好像看影片的时候按了暂停键一样。

简单化

在 2004 年的新技术大会上,技术作家丹尼·奥布莱恩(Danny O'Brien)引进了一个新词:生活秘籍(life hacks),用来描述那些经验丰富的技术发烧友——率先使用某些技术的精英——所用的技术秘密。他发现,这些发烧友可以领先大约 18 个月找到解决方案。譬如,他们比我们提前一年半使用电子邮件和处理垃圾邮件。所以奥布赖恩要求顶尖的技术专家把他们处理每日事务的窍门描述出来。

他发现工作效率高的人经常使用简单的方法。他们用 Word 或者记事本等简单的文字软件记录自己要做的事情,而不是用那些复杂的个人事务管理软件。

会议结束以后,他对"生活黑客"的兴趣还在继续。在他的生产率网站 43folders.com 上,迈克尔·曼(Michael Mann)引进的"Hipster PDA"[①] 流行起来,这是一套目录卡,你可以在上面记录个人提醒,但这些卡片一定要小到可以装进口袋才行。

[①] Hipster PDA 是 43folders.com 的创立者迈克尔·曼提出的一种原始、简单却行之有效的个人信息管理方式,它充分利用卡片纸,虽然不是真正的 PDA,但如果使用得当,也可以成为 GTD(get things done)的有力工具。——译者注

看来,在科技发展日益复杂的未来,我们的策略不得不简单化。

处理干扰的小窍门

▶ 尽量使用大块的不会被打断的时间开始重要的项目。
▶ 留心分辨干扰中有多少是工作中的,有多少是休息中的。
▶ 在你的正前方设置一个提醒,记录下你正在进行的工作,这样你就可以在受到干扰后很快返回正常工作。
▶ 应用"自信的技巧"钥匙限制那些与工作无关的干扰。
▶ 应用"自我对话"钥匙引导自己返回正常工作。

持续的不完全注意

1998年,曾为苹果公司和微软公司管理人员的琳达·斯通（Linda Stone）创造了一个新概念"持续的不完全注意",尽管大多数人现在把它当作"多重任务"的同义词,但斯通认为这两个概念是不同的。在多重任务中,激励你的是高产量和高效率;而如果是"持续的不完全注意",你就是一个网络中的实时节点:你持续地扫描整个网络并利用最好的时机与周围取得联系。

斯通认为持续的不完全注意既不能说是好事,也不算坏事。在某些情况下,持续的不完全注意是有帮助的,而在另外一些情况下则是有害的。她发现比尔·盖茨有三类会议:心不在焉的、偶尔留意的（坐在后排,只有部分时间在注意听）和全神贯注的（坐在桌子前,对所有的事情都很关注）。

刺激肾上腺素是把双刃剑

如今大多数技术会议设有互联网中继聊天（IRC）,可以在报告进行中使用。持有电子通信设备的听众可以用它安静地交流,他们可以谈论正在做报告的人或相关的问题,也可以谈论其他会议活动,或者谈论去哪里碰面和吃饭。而且,撰写博客的人经常会在演讲人结束报告之前就写好了评论。听众这种持续的不完全注意状态在当时刺激了肾上腺素的分泌。请回忆前文中提到的倒U形曲线,你就可以判断出这种刺激是有利的还是有害的。它可能会令你精力旺盛,也可能会令你遐思迩想,这都取决于你肾上腺素当时的水平和你保持注意力所需要的水平。

在实践中,我见到过非常有天分的学生,他们厌烦传统的教室教学,而在远程教学项目中表现优异。在远程教学中,学生可以观看演讲者的视频和幻灯片,利用网络交谈,并创建维基页面(很多用户共同编辑的页面)。通过在不同的活动之间切换,学生可以保持兴奋的状态,并且可以全神贯注地参与学习。古人云:"不闻不若闻之,闻之不若见之,见之不若知之,知之不若行之。"[1]

另外,我实践中认识的那些"害怕失去"的大学生就不需要更多的刺激了。他们勤奋工作,多线作战,甚至牺牲睡眠,长期处于持续的不完全注意状态,就因为他们担心失去任何一个机会。他们这种"机会可能随时出现"的感觉是可以理解的。由于通信工具长期待机,他们的手机可能在任何时候、任何地点收到短信、邮件,或者定制的铃音随时随地响起。

这些精力过剩的学生和那些听从恐惧摆布的人一样陷入了困境。主宰他们的不是自己,而是肾上腺素。最后,如果不停止的话,他们将耗尽自己的精力。持续的不完全注意可能持续一会儿,但不是可持续的。

未完成的工作会让你精力枯竭

干扰会消耗你的精力和活力,你在做一件事情的同时还需要为另

---

[1] 见《荀子·儒效篇》。——译者注

外未完成的事情留出空间,除了斯通最初的定义之外,持续的不完全注意这个概念还描述了因在头脑中储存过多的未完成事务而导致的散乱、三心二意的状态。

这一问题因"蔡格尼克记忆效应"而加重。蔡格尼克记忆效应指出,人类对未完成任务的记忆要多于对已经完成的任务的记忆。布鲁玛·蔡格尼克(Bluma Zeigarnik)是一名心理学家,他注意到服务员在上完菜之前都能记得顾客那些又长又复杂的订单。

当你被干扰或者同时处理很多事务时,全部"未完成的订单"都将以某种激活的状态储存在你的大脑中。正如《搞定》(*Get Things Done*)一书的作者戴维·艾伦(David Allen)观察到的,我们支配大脑工作,让它既不会完全记得某事,也不会完全忘记某事。

或许重拾已经失去的个人控制最有效的方法就是处理完你已经开始的工作。还记得那个往你的 3 个项目的待办事项清单里添加一个极简单任务的方法吗?完成一个任务而获得的多巴胺推进剂将会令你欣然保持在自己的注意力专区内。如果你需要释放一些精神能量,就找一件可以迅速完成的事情来做。

与生命相连

2005 年 6 月,托马斯·弗里德曼(Thomas Friedman)为《纽约时报》开辟了一个有吸引力的专栏,名为《干扰时代》。他在秘鲁的亚马孙热带雨林里度过了四天与世隔绝的生活,没有互联网,没有手机。根据弗里德曼的描述,导游吉尔伯特没有携带任何通信工具,也没有受持续的不完全注意的困扰,恰恰相反,吉尔伯特可以听到每一声鸟鸣、犬吠、口哨和树枝的噼啪声,并能迅速地判断出声音的来源。他写道:

他……从不会错过任何一张蜘蛛网、一只蝴蝶、一只巨嘴鸟或者一窝白蚁。他没有互联网,却与周围不可思议的生命之网紧密相连。

没有干扰或许有些无聊,而自然的魔力却是这种瞬间无聊最好的解药。正如亨利·米勒(Henry Miller)曾经发现的:"当一个人用心观察某种事物时,即便只是一株小草,也会变成一个神奇的、美妙的、无法言喻的壮丽世界。"

我们是不是在迈向一个洞察力时代?

为了主宰被干扰驱动的生活,我们需要有效的方法来分清主次。在《要事第一》(First Things First)一书中,史蒂芬·柯维(Stephen Covey)提出了一个经过深思的解决方法:把所有的事情按照重要、紧急、既重要又紧急和既不重要又不紧急分类,然后留出时间给重要的事情,而不仅仅是紧急的事情。

琳达·斯通意识到区分事物的主次是一个自然的趋势,她相信我们生活的时代正迫使我们诘问自己:"我们究竟需要和想要注意哪些事情?"我们渐渐意识到注意力是我们稀缺的和最有价值的资源,如何利用这个资源将决定我们的命运。

斯通说,这就将我们推向了一个"洞察机遇"时代的尖端。她总结道:"我们应该筛选对个人最有价值的机会,而不是环顾四周担心错过某个机会。在这样一个新时代,参与性的注意力能让你感觉到自己的存在。"

不知道这是不是我们将会面对的未来,不过无论如何,我们希望它是。这意味着我们生存在自己的注意力专区里,温和的预警将取代高音警报,适量的刺激将取代永无休止的刺激。而且,与持续的不完全注意不同的是,参与性注意力(恰好在注意力专区里)可以长期保持。

> **管理持续的不完全注意的小窍门**
> ➤ 运用需留神的多重任务使自己保持在注意力专区里。
> ➤ 主动而非被动地使用电子通信设备。
> ➤ 不再"害怕失去"。
> ➤ 别让未完成的任务堆积如山。
> ➤ 花时间锻炼参与性注意力。

使用你的智慧之匙战胜信息过载

　　数字时代的信息使你可以进行广泛的搜索，定位人和商家，与他们远程联系，购买睡衣，并且用音乐、照片、视频、游戏和多媒体不断进行娱乐。然而没完没了的未经过滤的信息要求你不停地筛选、分类，这对保持在注意力专区内是一个持续的挑战。根据加州大学伯克利分校一项对图片、胶片、磁带和视觉存储介质的分析，2002年世界总共制造了5千兆兆字节的信息（1千兆兆字节等于10亿千兆字节）。

　　如果你被这个兆兆吓了一跳，请记住我们熟悉千兆字节（G）也不过是不久以前的事情，而且如果新的信息以现在的速度（从1999年到2002年的三年间翻了一番）增长，我们的词汇很快就会增加千千兆、百万千兆和兆兆，就像我们从兆到千兆的过渡。

　　让你了解这样的数字很难，你怎么可能在日常生活中找到兆兆的参照点呢？如果它已经开始阻塞你的思路了，那么你正在经历某种形式的信息过载。信息过载包括：

信息焦虑

建筑师和图形设计师理查德·乌曼创造了这个词,他还创造了"信息架构"一词,用建筑和设计的原则为数字世界建立秩序。

信息疲劳综合征

症状包括注意力持续时间缩短、缺乏专注、记忆力减退、疲劳、易怒和犹豫不决。信息疲劳综合征是路透社在一篇名为《信息致死》(Dying for Information) 的报道中给出的。对1 300多名初级和高级经理人进行的调查结果表明:这些管理人员频繁或者经常性地无法妥善处理他们接收到的大量信息;几乎半数的被调查者表示这些信息使他们无法集中于自己的本职工作;38%的被调查者为此浪费大量的时间。访谈和焦点小组调查显示,信息超载导致的"过度唤醒状态"会令管理人员做出"愚蠢的和不完善的决定"。

分析瘫痪

有太多的选择,你会怎么样?你的大脑会停滞,然后无法做出任何选择。在路透社的研究中,43%的受访者表示,分析瘫痪或者过量信息要么延长了他们做出决定的时间,要么不利于他们做出决定。记者戴维·申克(David Shenk)在《数据烟雾》(Data Smog)中描述了信息轰炸和互相抵触的专家意见所导致的心理反应是如何阻止人们做出选择的。用申克的话说:"你无法选出任何一个研究、一种声音……那么你怎么做?……你就什么都不做。你保留选择的权利,等着看。"

第十章 智胜干扰和信息过载

信息狂躁症

英国进行了一项研究,在一间忙碌的办公室里,不断有电子邮件和电话进来,八名英国工人在一个相对安静的环境里接受解决问题能力的测试。尽管他们不需要回复那些信息,但他们的思考敏锐程度还是有明显的下降。1 100名职员参与了研究的另外一部分,结果显示62%的成年人会在下班后和周末时检查电子邮件,而且半数的人会立即或者在一个小时内回信。还有一个有趣的结果,尽管20%的人说他们自己乐于在开会的时候回消息或者回复邮件,而89%的人却认为如果他们的同事这样做是很没礼貌的。"信息狂躁症"是用来描述思维锐度的丧失和对永无休止的通信科技的上瘾症状。

注意力缺乏特质

在2005年《哈佛商业评论》中,有一篇文章,名为《线路过载:为什么聪明人会表现差》(Overloaded Circuits: Why Smart People Underperform),作者是医学博士爱德华·哈洛韦尔(Edward Hallowell),他将一种神经病学现象称为"注意力缺乏特质"。当一名工作人员奋力处理正常人无法完成的任务时,我们说他处于一种运动机能亢奋的状态,为了应对这个状态,他的大脑和身体会被锁定在一个回荡线路中。哈洛韦尔博士是一名精神病学家,他发现此时大脑的额叶失去了本有的复杂性,就像把醋加到红酒里一样。症状包括:绝对化思考(非黑即白),难以保持条理、难以设置优先次序和管理时间,还有持续的恐慌和罪恶感。1994年哈洛韦尔和约翰·瑞提(John Ratey)在他们的畅销书《分心不是我的错》(Driven to Distraction)中把这个日渐突出的问题称为"假性注意力缺乏障碍"。

通过阅读本书，你现在了解了，所有这些不健康的、不专注的反应都证明你正处于那条倒 U 形曲线最右边的部分。这些反应标志着认知的过载，而正是这种过载导致了第三章中那头毛驴的厄运。

这些症状也可以被视为你采取行动的开端。要应付信息过载，你可以使用任何方法降低自己所接收的信息刺激，重新回到注意力专区。你可以从如下窍门入手。

应对被信息过载压垮的小窍门
过载已经出现

- 四角呼吸法（改变状态钥匙串）。
- 中断电源法（改变状态钥匙串）。
- 设置底线，学会说"不"（自信的技巧钥匙）。
- 制订计划（抗焦虑钥匙串）。
- 精准地不断自我引导："下一步我要做什么"（自我对话钥匙）。

应对被信息过载压垮的小窍门
过载出现以前

- 限制需求和刺激（自信的技巧钥匙）。
- 当机立断：目标是做出好的决定，而不是完美的决定（可持续性工具钥匙）。
- 保持工作空间的整洁，随时应对超负荷（冷静而专注的生活方式钥匙）。

头脑过滤是必要的

如果你和大多数人一样，那么迫使你偏离自己注意力专区的两个主要未过滤信息来源就是电子邮件和互联网。有效的过滤机制可以帮你重新回到自己的专区。

用电子工具是个好方法，譬如垃圾邮件过滤器，弹出窗口拦截器，有选择地订阅 RSS 信息等。但即使是最好的软件也不能帮你进行头脑过滤。你需要主动进行头脑过滤，来使自己保持在注意力专区里。

钥匙串"自我意识"和"保持状态"会帮助你练习头脑过滤。你的自我监督角色会诚实地记录你上网所用的时间和从网上获取的信息，而指导性的自言自语会帮你保持正确的方向，特别是在你被丰富多彩的数字娱乐吸引的时候。

要做到头脑过滤，应该首先规定自己要接收的和要拒绝的信息。尽量具体地想好自己需要什么，不需要什么。有个古老的谚语说：兔子追得多，最后要挨饿。

制伏电子邮件

根据加州大学伯克利分校的研究，2002 年总共发出了 310 亿封电子邮件，2006 年就翻了一倍。微软公司进行的一项调查表明，2005 年，平均一个美国职员一天要收到 56 封电子邮件。仅以每封邮件 2 分钟计算，一个工作人员每天要花费将近两个小时的时间阅读和回复电子邮件。琳达·斯通把电子邮件称为"注意力粉碎机"。

之所以会有这么多邮件，原因之一就是发邮件不花钱。到底是不是这样呢？如果你的年薪是 9 万美元，你每分钟的收入就是 75 美分。如果你用 5 分钟写一封邮件，那就相当于你花了 3.75 美元写信，而你的同事还要花上 3.75 美元回信。如果这封邮件打断你或你同事正在进行的工作，你们的大脑还要在工作和邮件之间来回切换，所用花费就得再乘上 1.5。这封邮件实际上花了 11.25 美元，而如果让你贴 39 美分的邮票发一封同样的信，你可能就不发了。

每天结束时,听完语音总是比看完所有的电子邮件容易。原因之一是电子邮件更持久,因为总的来说,我们对待自己书写的东西更认真。另外一个原因是绝对数量。我们收到的邮件通常是群发的,而我们发出的邮件又会被其他人转发。

研究一下你电子邮件收发系统的特点和窍门,并按照自己的要求设置系统,这样做会有好处。譬如,如果你习惯使用某些句子,可以把它们设成签名,然后就可以轻松地把这些句子插入邮件。

还要记住,电子邮件确实方便,但不总是有益的。实际上,诸如英国的 Nestle Rowntree 这样的公司,已经开始实行无电邮星期五,他们想知道是不是面对面的讨论会提高解决问题的创造力。

在使用电子邮件的时候要主动利用头脑过滤机制,记住,用心就会有回报。把你自己的邮件写得精确、简洁,如果回信的人也这样做,你就奖赏他。

制伏电子邮件的小窍门
➤ 使用可靠的垃圾邮件过滤器。
➤ 每天在固定的时间段回复非紧急的邮件。
➤ 用语简洁。
➤ 不要跑题。
➤ 写完回复,谨慎地选择接收对象。
➤ 问问自己"我为什么现在没有这么做?"(自我意识钥匙串)

极端电子邮件

无线手持通信设备产生了很大的文化影响。因为可以迅速收到刚刚发出的邮件,你就更容易对刺激做出反应。习惯的用户承认这是强

第十章 智胜干扰和信息过载

制性的,而且停下来后会觉得很放松。在商务会议上有人低头在下面看自己的"黑莓"① 已经是司空见惯的事了。

波士顿一家大医院的首席执行官保罗·利维在他自己的博客中提到,他曾经是黑莓的忠实拥趸,但是现在已经不用了。显然,他触动了一根敏感的神经,因为他的博文被其他博客转载,其中包括 Tailrank 和 Network World。在整个互联网上,黑莓迷们承认自己为了收发电子邮件而忽视了家人,用借口蒙骗朋友,或者举止无礼。

就在利维发表这篇博客的一个星期以前,《华尔街日报》的一篇报道从另外一个角度描述了同样的问题:用孩子的眼睛看成人的世界,他们沮丧、不满、害怕,因为他们的父母由于使用黑莓而欺骗和忽略他们。黑莓孤儿们嫉妒这个把父母的关爱从他们身边带走的通信工具。一个9岁的小孩觉得很担心,因为他的父亲一边开车一边使用黑莓,"我十分担心他会出交通意外,他只偶尔抬头看路"。这个孩子的父亲是一个私人银行家,他也觉得这样的担心是合理的,但是"有些邮件太重要了,我不得不在路上看"。

在第三章中已经介绍了我们是如何建立对刺激的忍耐力的,你可以看出我们是多么容易就陷入这种死循环的。你越是依赖这些无线通信工具,你就越难客观地看待它们。证明它们很重要从而可以舒舒服服地继续使用,这是人类的天性。

如果你觉得这种情况已经在你身上发生了,就认真地思考一下需留神的多重任务吧。运用你所学到的各种方法摆脱这种困境,特别要

---

① "黑莓"(Black Berry)移动邮件设备基于双向寻呼技术。该设备与 RIM 公司的服务器相结合,依赖于特定的服务器软件和终端,兼容现有的无线数据链路,针对高级白领和企业人士,提供企业移动办公的一体化解决方案,实现了遍及北美随时随地收发电子邮件的梦想。"9·11"事件中,美国通信设备几乎全线瘫痪,而因黑莓当时成功实现了无线互联,及时传递了灾难现场的信息,之后在美国掀起了黑莓热潮。——译者注

注意观察自己。把停止使用这些工具当作一项个人挑战来实现，而不要回避。还可以用自信的技巧和自我对话给自己设置规定，特别是在车里和与家人在一起的时候。

网上冲浪

新的信息不断在网上出现。在你看遍所有感兴趣的东西之前，大部分令你觉得有趣的内容已经在那儿了。宽带网和电子邮件使人们很容易陷入漫无目的的、无休止的网上浏览。朋友发给你一个链接，那个网页又有很多相关的链接。反正也不用等，为什么不打开这些链接，然后再打开链接里的链接？

薯片综合征

互联网的诱惑就像薯片一样，难以抗拒。于是你在一项没什么实际好处的事项上花费了太长的时间，最后还觉得头昏脑涨，很不满意。试想一下，你没有管住自己，在一番尽情的网上浏览后从椅子上站起来时会是什么感觉？时间流走了，就像那些被"吃掉"的卡路里。没有享受营养餐那样的满足感，相反，你觉得昏昏欲睡，后悔吃掉了整包薯片。

为什么会这样？回忆一下你刚刚开始浏览网页的时候，你觉得如饥似渴，就像刚刚拿到一袋薯片的感觉。此时你处于倒U形曲线的左端，你需要一些刺激，譬如最新的消息或者最有趣的视频。

然后，随着你点开一个又一个链接，你就进入了倒U形曲线的右端——心不在焉、犹豫不决、过度兴奋。在这种情况下，关闭网页要比停吃薯片还难，对于薯片，起码有吃完的时候。

> **网上冲浪的小窍门**
> ▶ 设定时间限制。
> ▶ 眼前放一个时钟。
> ▶ 问问自己"我为什么现在没有这么做?"(自我意识钥匙串)

网上冲浪的陷阱在于,你从倒U形曲线的一端冲到另外一端,而跳过了自己的注意力专区。你开始觉得饱胀,但是毫无营养,甚至比之前更饿。当你为自己的网上冲浪设置头脑过滤时,要规定自己只能看有营养的信息。

网上搜索

在《世界是平的》(*The World Is Flat*)一书中,托马斯·弗里德曼指出谷歌现在每天要处理大约10亿条搜索信息,而3年前每天的搜索量只有1.5亿条。互联网搜索让我们可以接触到大量的有用信息,但是大部分的网络搜索可以查到超过100万个匹配项目。正如理查德·沃尔曼发现的那样:"机会在于其中包含很多信息,而灾难是99%的信息是毫无意义的。"

一次有目的的网络搜索经常会变成漫无目的的浏览。就好像去超市买面包和牛奶,却被目之所及的其他冲动消费品吸引,然后带着那些诱人的新产品——还有一包薯片——回了家,可是忘了买面包和牛奶。有些先行者已经开发了新软件来解决这个问题,譬如Webolodean软件,它可以每隔15分钟就弹出一个窗口,要求你输入你正在搜索的词条,这样可以强迫你记住自己的任务。

了解你的浏览器特性也会有所帮助。充分利用子页面,并且整理好书签。根据自己的需要为重名的书签重新命名。给文件夹取个具体的名字,像"新车购买""低热量食谱"等,而不是"频道""新闻"。

学习提高搜索效率也是有好处的。输入精确的关键词或者为引用语加上引号可以缩小搜索范围,学会使用"和"、"或者"和"非"等命令语言,阅读搜索引擎帮助中心的文件可以学到更多的窍门。

要在搜索的时候为你的头脑过滤设置规则,就得从常识开始,然后从经验中学习。这是我自己的一些心得。

是莨还是莠?

怎么能识别有用的信息呢?一个办法是筛选信息来源。国家机构、大学和其他非营利机构的网站很少会有宣传某些产品和服务的信息。但是,即便是有声望的机构给出的信息,也会令人费解甚至互相矛盾。

以前面讲过的关于"信息狂躁症"的研究为例,不少新闻媒体报道过这一发现。表 10-1 是一些样本:

表 10-1 "信息狂躁症"的样本

	标题	引子	主体故事
《伦敦时报》	为什么发短信会有害智商	"常用短信和电子邮件对智商的危害相当于吸食大麻的两倍。"	"80 个志愿者参与了智商减退的临床实验。"
CNN 官网	电子邮件比大麻更有害智商	"经常为电话、电邮和短信分神的职员,其智商的减退明显甚于吸食大麻的瘾君子。"	"80 个临床实验……"

第十章　智胜干扰和信息过载

在阅读这些报道的时候，我很困惑。研究结果提供了更多有用的信息，而这些报道的用语看起来有些夸大和耸人听闻。结论的遣词比一个行为学家本该使用的口吻要鲁莽。五个月以后，一个博客提供了更准确的研究图解。

很显然，马克·利伯曼（Mark Liberman）博士跟我有相同的疑问，他是宾夕法尼亚大学的语言学家，负责记录语言日志。他写了一系列帖子，引起了进行该项研究的心理学家的注意。格兰·威尔森（Glenn Wilson）博士解释说，该实验由两个部分组成，一个面向1 000名职员的调查问卷和一个有8名研究对象的实验，这8名研究对象在有电话和电子邮件的环境下解决矩阵问题。

威尔森博士对利伯曼博士说：

> 如你所说，这是一个干扰造成的暂时性的影响，而不是永久性的智商损害。那个与吸食大麻和失眠相比的结论是别人做的，未经我的允许，而且8个被调查对象变成了80个。

骗子聒噪，真相无声

在这个"信息狂躁症"的故事里，当我得知实验所用的是矩阵问题的时候，明白了那些善意的记者是如何夸大真相的，矩阵问题常用在智商测试中。"处理问题能力的短期下降"是事实，而"对智商的危害相当于吸食大麻的两倍"是假象，记者们选择了后者。

并不是每个聒噪的都是假象，也不是每个沉默的都是事实。但如果你听到了大肆鼓吹，又想知道答案，那就得继续寻找真相。

这是周六晚上11：30

你找到了两个对立的观点，二者都很可信，旗鼓相当，你该怎么办?譬如,在研究飞行时差反应(下一章会提到)时,我发现一个权威的政府网站推荐褪黑素,而在另外一个网站上,我发现一篇医师评价过的文章反对使用褪黑素。于是我就去查医学杂志。

我足足查了一个小时,一个实证的研究显示褪黑素对257名访问纽约的挪威医师没有效果。而在一个睡眠实验室进行的另外一系列研究表明该物质或许有效。我决定以"研究结果冲突"作为结论,继续其他的事情。

每次我在网上搜索遇到类似的情况时,我就会想起节目制片人洛恩·麦克尔斯(Lorne Michaels)在电视节目《周六夜现场》里描述的情况。在彩排时,没有人说"节目已经不能再好了,我们不需要做任何事了",直到直播之前这项工作都要继续。彩排结束不是因为节目已经完美了,而是因为已经是周六晚上11:30了。

互联网不会告诉我们何时停止搜索,我们需要自行停止。什么时候结束取决于我们,因为我们也到了在真实世界直播的时候了。

网络搜索小窍门

➤ 为你要找的信息命名。
➤ 运用命令式的自我对话。
➤ 小心顺便的网页浏览。
➤ 认真分辨良莠。
➤ 适可而止(网络没有最后一页)。

第十一章
在 21 世纪战胜干扰

> 主动的人，命运引导他们；被动的人，命运支配他们。
>
> ——约瑟夫·坎贝尔，重述罗马哲学家塞涅卡的话

我们生活在注意力受到挑战的时代。我们的前辈可能不会想到现代生活的样子：用远程通信设备工作；在家办公；进行电子商务；定时飞到数千公里以外进行商务旅行。第十一章将会涉及两种新的因高科技得以实现的生活方式：在家办公和旅行办公。

在家办公

科技使数据传输、电子化交流和低成本共享资源越来越方便，比以往更多的人通过电子通信设备在家办公或者以家为基地开展业务。国际数据资讯的调查表明，现在有将近 2 700 万人在家办公。

在家里，邻居可能会打电话，孩子可能会需要你，灌溉洒水器可能会出问题。当你情绪不好的时候，没人会看到你打开电视剧频道，从冰

箱里取出冰激凌吃。你像一个小岛，生活在各种干扰构成的汪洋里。

在家里办公时，你的工作环境使你更容易分散注意力。因为没有同事在场，你很容易觉得枯燥，或者提不起精神。而由于外界干扰——包括家人、朋友、宠物、家务和娱乐节目——的持续存在，你也很容易被过度刺激而进入倒 U 形曲线的另外一端。

如果你考虑在家办公，首先得问自己这样几个问题：

- 我自己就可以做到井井有条，还是需要身边的有形组织？
- 没有同事和老板，要在限期内完成工作是容易还是困难？
- 如果一整天只有自己一个人，我会享受清净还是会觉得孤单？
- 工作时我能不能拒绝干扰？
- 休息时我能不能拒绝工作？

如果可以的话，在做决定之前进行一次测验。跟其他在家办公的人聊一聊，最好能找到一个对此满意的成功案例，再找到一个已经决定回到办公室的例子。比比他们哪一个更像你自己。

如果你现在已经开始在家办公，就运用你所学到的保持在注意力专区的方法，特别是 3 个项目的待办事项清单、中断电源法和需留神的多重任务。应用这些方法应对在家办公的挑战，使自己集中注意力。

- 问自己"我现在没做什么？"可以阻止自己被安逸或者家庭需要分心。
- 列一张单子，写上在家办公的好处，当你情绪低落或者被干扰分心的时候，读读这张单子，重温你选择在家办公的原因。
- 保持整洁。给文件归类，并给自己堆放文件的数量设一个上限。
- 一天结束时，仔细、冷静地审视你的桌面，它应该使你第二天早晨很容易投入工作。
- 巧妙地利用第三地点办公：如果你需要多些刺激，就去咖啡屋或者书店；相反的话就去图书馆。

> **在工作和家之间设置界限的小窍门**
> ➤ 用一个独立的、专属的、门可以关上的房间（为了阻挡干扰）。
> ➤ 考虑把个人邮件和商务邮件分开。
> ➤ 计时工作的时候不接听家庭电话。
> ➤ 每天都按时起床，按时走到桌前开始工作。
> ➤ 休息的时候不工作，特别是在周末。

远程通信

希拉是一个有抱负的、勤奋的人，她是两个孩子的母亲，在一个大型高科技公司的市场部有不错的职位。当一个同事——也是一位母亲——开始远程工作时，希拉觉得自己也应该这么做。在丈夫的鼓励下，她向上司递交了一份计划书，上司同意了。然而，希拉很快就发现，她在家里没法集中注意力。

我和希拉谈话时，原因很明显。她整天一个人在家，脑子里一直在想：如果有个晋升的机会她肯定会被忽略，因为她不在办公室里。她在公司的企业文化中浸淫已久，知道这种担心不是没道理的。

希拉被罪恶感侵袭，因为她觉得作为一个母亲，她不应该放弃留在家里的机会。远程工作对于她的同事挺合适，为什么她不行？

几周以后，希拉回到了公司办公室。她对我说，她经常要孩子们做自己认为对的事情，无论别人怎样。希拉决定按照自己的意志行事。

远程办公适合你吗？权衡所有相关的因素，包括个人的、实际的、情绪的和财务方面的。你需要深入、肯定地对自己做出承诺,这样你才能抵抗家里的干扰。

居家企业

拥有自己的企业,就可以自由追逐想要实现的目标,还可以自己做主。这样看来,难怪那些有注意力缺乏障碍的人(下一章有详细介绍)会想要成为企业家。当然,挑战在于那些吸引新人的能带来竞争优势的特质一旦遇到像预算、会计、存货、时间安排和资源配置等日常的任务,问题就出现了。

如果你在考虑创建居家企业,诚实地思考自己规划时间、金钱、目标、计划和工作空间的能力。你是不是一个会忽略细节的空想家?然后用自己的优势想办法解决可能会出现的问题:与一个管理能力强的伙伴联合;雇用一个助理;对伙伴和伴侣负责任。没有必要隐瞒自己的弱点。你是足智多谋的,所以要实事求是,而且要有前瞻性,预防自我管理中可能会出现的问题。

循序渐进地投入你的居家企业。给自己机会练习集中注意力所需要的方法。运用保持状态钥匙串:

- 给自己设置基准点和完成时限。
- 严格遵守时间表。
- 把时间表放在随时可以看到的地方,必要的时候使用定时器。

运用有规律的工作、日历、计划和 3 个项目的待办事项清单,如果你在家教小孩读书,这几条也同样适用。没有压力的安排对每一个要保持注意力的人都是必要的。

> **在家办公的小窍门**
> ➤ 确保你的工作设施是有效率的，而且要符合人体工程学。
> ➤ 缩短电话和电邮时间，不要跑题。
> ➤ 把每日时间表放在可以看到的地方。
> ➤ 每天开始之前先浏览一下要做的事情。
> ➤ 每天工作结束之前把第二天的工作安排好。
> ➤ 运用"保持状态"钥匙串。

旅行办公

如今，旅行办公必须要应对长途旅行和晚点。在等待登机和坐在飞机上时保持工作效率是一项挑战。灯光昏暗，人声嘈杂，还有婴儿的哭声。如果你的飞机晚点了，你还得一直担心它是不是已经丢下你飞走了。

在进行商务旅行时，你需要比平时水平高的压力和刺激。无论你是否意识到，起码你的肾上腺素分泌水平要比你在家遵循习惯的时间表时要高。画出那条倒U形曲线，在旅行刚开始的时候，你处于自己注意力专区的上升部分，随着肾上腺素分泌的增多，你的状态降到了曲线底部。挑战在于你要引导自己，并且要知道一个事实，那就是人在旅途中承受挫折的能力是较差的。

提前准备

保持路上工作效率最好的方法就是在出发以前周密计划。除了必要的办公用品和保障个人舒适的用品外，问问自己，在酒店、机场或飞机上还需要什么才能保持注意力。下面是一张清单：

• 耳塞。

- 耳机（屏蔽噪声，如果可能的话）。
- 工作时的音乐播放单。
- 在旅途中要做的事情清单。
- 休息用品，例如硬糖、口香糖、健康零食。

培养自己适应旅行时需要的特定硬件和软件。如果你在使用一个新的设备或者软件，最好出发以前做个热身。

"减少挫折"是成功的旅行办公者们的座右铭。再列一张"去机场以前要做的事情"清单。例如：

- 下载邮件，供脱机工作。
- 给电池充好电。
- 准备存储工具用来备份文件。

随身携带任务清单，这样，如果有什么东西忘带了，可以即时填上，下次就不会忘了。

养成好习惯，包括登机箱里放什么东西，随身携带什么到座位上，把什么放到行李架上，甚至准确到哪个袋子装钢笔、哪个袋子放眼镜、哪个袋子放转机的登机牌。每次旅行都把东西放在同样的位置。

如果有什么意外，可以用自我对话使自己冷静和镇定：

- 路上难免遇到这样的事。
- 预料未知；这是冒险的一部分。
- 晚点对每个人都一样。我很安全，也很健康，就是迟些而已。
- 这次我能做些什么积极的事呢？

飞行时差反应

我们的身体有自然的生物钟，它可以每隔24小时重设我们的荷尔蒙。当我们自身的生物钟不能适应落地时间时，飞行时差反应就会产生。它通常发生在你跨越多个时区旅行时。

飞行时差反应的症状包括：

- 难以集中精神。
- 精神恍惚，丧失思维敏锐性。
- 疲惫，情绪差，没有方向感。
- 白天困倦，夜晚失眠。
- 焦虑、头痛、食欲不振。

好多人用"散架"来描述旅行后的疲惫，而从"技术"上说，飞行时差反应是睡眠紊乱，它是一种身体在生理上的预警，这种预警使你不能保持原有的注意力。遗憾的是，你的旅行通常需要你运用敏锐的思维——世界级的竞争、全球高级会议、军事演习、大宗生意，或者是你用一生积蓄换来的出国旅行。

据美国宇航局称，跨越的时区越多，恢复的时间就越长。准确的恢复时间取决于很多因素，包括年龄、个性、体质适应能力、登机前睡眠的缺乏和旅行的方向。几项对机组乘务人员的研究表明，向西飞行比向东飞行要容易倒时差。

如何处理飞行时差？众说纷纭。大多数专家同意用非药物的方法处理。睡眠药品是有问题的，因为长途飞行中，血液循环慢会增加深度静脉血栓形成的风险，而且即使是轻度的释放延迟也会加重你醒来后的精神恍惚。对于服用买来的褪黑素和色氨酸的有效性，研究显示出相抵触的证据。这两种物质都是人体在正常的睡眠周期内可以合成的。酒精会加重飞行时差反应，因为它会扰乱快速眼动（睡梦中眼球的快速转动，REM），而快速眼动是使睡眠有助于体力恢复的必要状态。咖啡因在你落地以后是有效的，它有吸收水分的作用。但是在飞行的时候不要使用，因为那时很容易缺水。

有些行为疗法是有研究支持的，但是它们更为复杂。如果你愿意，不妨试试看：

阿冈（Argonne）抗时差食疗。由美国能源部的阿冈国家实验室开发，这种食疗法包括"饕餮日"和"节食日"的交替适用，在饕餮日，要进食高蛋白质的早餐和高热量的正餐；在节食日就只能进食非常少量的食物。发表在《军用医药》上的一项研究表明，这种食疗法对186名跨越9个时区飞行的美国国民警卫队军人是有效的。

定时晒太阳疗法。你可以通过在每天早晚（取决于你飞行的方向）增加暴露在太阳或黑暗中的时间，来系统地调节自己的生物钟。芝加哥大学医学中心的研究表明，断断续续的光照和下午的褪黑素可以每天把生物钟调快一个小时。

我们可以借鉴这些方法的主要思想，而没有必要一字不落地照做。例如，如果你刚刚从纽约飞到伦敦，用面包和土豆做晚餐可能会有助于夜晚的睡眠。而清晨的闹铃刚刚响过，你就应该马上拉开窗帘，在窗边喝早茶。如果你想在向东飞行的时候试试褪黑素，美国国家健康中心建议你在抵达目的地后，在睡觉前几小时服用1～3毫克。

一个可行的非药物的行为方法可以在你到达前的几天就开始使你尽量适应新的时区。渐渐调整你睡觉和起床的时间，并利用太阳镜、窗帘或者选择是否待在室内来调节你暴露在阳光下的时间（见表11-1）。

表11-1 飞行前几天的作息调整

飞行方向	睡觉和起床	选择
东	早些	搭乘早上的航班而避免下午和晚上的航班
西	晚些	搭乘下午和晚上的航班而避免早上的航班

如果你花得起时间和金钱，那就到目的地调时差。精英运动员们通常比其他大多数人都较少遇到飞行时差，因为他们身体调适能力很强。尽管如此，他们也认为时间安排是有用的，因为世界高水平的竞争很激烈。参加奥运会时，严谨的运动员会在他们第一次比赛的一周以前抵达目的地。

提供给空中的旅行办公者的小窍门

➤ 在系好安全带的时候就把手表调到目的地时间。
➤ 带上耳塞和眼罩确保睡眠。
➤ 喝水，不要喝酒，策略性地饮用咖啡。
➤ 调整作息时间，但是不要失眠。
➤ 在重大活动之前，给自己充分的时间从旅行中恢复，用自我意识的方法准备。
➤ 应用改变状态这一钥匙串，减少挫折，特别是应对预料之外的不便。

第十二章
患了注意力缺乏障碍怎么办？

重要的是适应自己，而不是适应大众。

——奥托·兰克（Otto Rank）

本书中介绍的方法对所有的人都有效。如果你或者你的孩子患有注意力缺乏障碍（ADD），你将获益更多。学习如何使用这些工具不是一件简单的事，因为实践这些方法需要耐心，而这并不是你的强项。但是，你有别的优势——如果你相信你要做的事是正确的话，你就会变得足智多谋而且意志坚定。然而，你还不知道关于注意力缺乏障碍你应该相信什么。这是可以理解的。

ADD 是一种相对比较晚才发现的障碍。有关这种障碍的信息经常是互相矛盾的。关于（如何治疗）这种障碍已经形成了一个价值数百万美元的产业。ADD 的字面意思无助于理解这种障碍，也是令人不快的，而且是不准确的。ADD 实际不是指"缺乏"注意力。在某些时候，一个 ADD 患者由于太过专注于某件事物以至于忽视了所有其他的事。对于 ADD 患者而言，困难之处在于控制他们的注意力——如何关

第十二章 患了注意力缺乏障碍怎么办？

注真正重要的事，如何注意到别人关注的事，以及如何顺利地把注意力从一点转移到另一点。

一个叫布莱恩的 9 岁孩子和他的妈妈第一次来我的办公室。我注意到，他妈妈正在阅读的书的封面上印着几个大字："注意力缺乏障碍"。我向布莱恩做了自我介绍。他对我说的第一句话就是："你要是说我得了那种大脑疾病，我就不跟你说了。"

对于很多儿童和成人而言，"注意力缺乏障碍"这个词带有轻蔑的意味，令人不快。同时，如果你的大脑有这种现象，最好你能明白你的大脑跟其他人在某些特殊的方面不一样。如果你明白这一点，你就能实现自我认可。这样你就不再总是不合时宜地拿自己跟别人做比较，而是开始想办法如何做最好的自己。我用认知策略来重新定义 ADD——从准确而有益的视角来看待 ADD——并且我提倡成人和儿童 ADD 患者，他们的父母、老师，以及他们的顾问也这么做。在本章中，你将学会通过几种特别的方法来重新认识 ADD。

你相信什么？

如果你患有 ADD，你可能会面对如下问题：你对自己能够集中精力的自信从根本上被动摇了。这个过程也许很痛苦。你曾经因为忽略了别人关注的事情而被人误解。你有你自己集中注意力的方式——你环顾周围然后集中注意力于某一物——这种方式有其好的一面，也有不好的一面。

也许你已经知道，当你环顾的时候，你不是自动地过滤掉看来无关的细节。环顾使你发现观察事物的新方法的可能性增加，但是也使你更容易分心。当注意力集中在某一个事物上的时候,你就容易变得过于认真,不留情面,爱走极端。这使你更加倾向于持久地厌恶某种异味,也更容易执着于一些不切实际的想法。

ADD 的负面影响导致大多数成人患者一直有来自学校的童年阴影。不幸的是,传统的教室对有 ADD 倾向的学生并不友善。教室是用来奖励那些正襟危坐,而且懂得隐藏自己想象力和思考过程的学生。教室也用来奖励那些容易放弃自己想要的东西而去完成老师布置的作业的学生。对于那些带有 ADD 倾向而喜欢坚持自己想法的孩子而言,那些作业就太过专制和无趣。

作为一个患有 ADD 的儿童,你有没有尝试过像别的孩子那样学习,结果却令人失望沮丧?有没有人评价你并拿你跟其他孩子做比较?你有没有给自己建一堵厚厚的墙来自我保护?你长大后有没有因为你没有足够优秀而生气且暗自惊恐?你有没有想办法向你自己和周围的人掩饰你的恐惧?你并不孤单,而且这也不是你的过错。

> 弗兰克喜欢那个 3 个项目的待办事项清单的办法,但是当他尝试这个方法时,他发现很难只选择 3 项而放弃其他。他匆忙地从一项任务转移到另一项任务,没有完成任何一个,于是所有的未完成的工作似乎都在冲他大哭。当他强迫自己安静下来并且诚实地思考时,他意识到自己持续的紧迫感不过是情绪低沉的伪装,这种低沉源于他觉得自己是个骗子。
>
> 弗兰克在计算机方面技术高超,但是内心深处,他感到恐惧,而且为自己说得多做得少而觉得羞愧。通过同时处理很多项目,他可以分散自己的注意力,不再恐惧和羞愧。如果他慢下来,那种感觉就会又浮出来;他被因过去的事情而形成的罪恶感侵蚀着。尽管和从前一样聪明,但是他固守着这些分散注意力的方法,陷

入了一个死循环：为了感觉自己并不是个有始无终的人，他同时处理很多事情，令自己忙碌；而这种让自己过于忙碌的状态又使他开始的工作多，完成的少。

如果你像弗兰克一样，开始的工作比完成的多，请放弃你的罪恶感和自我谴责。反之，理解并欣赏自己，考虑一下这种模式产生的诸多原因：

- ADD 患者有格外强大的定向反应（我们在第三章提到过），你的大脑是一块吸引新鲜事物的磁石；你脑中的化学物质强烈地渴求新鲜事物的刺激产生的肾上腺素。
- 完成一项任务就意味着要对它做出评价，大多数 ADD 患者都有这样的经历：他们害怕收到作业，那些作业满是红色"×"，因为里面有语法或者拼写错误，又或许是存在别的他们认为不重要就忽略了的细节。恐惧感伴随他们成长。如果你不交作业，就会觉得放松，因为不会担心得"D"。因为这个原因，你不想把工作做完。
- ADD 使你容易过高地估计自己在某个时间段内的工作效率。当你不能兑现诺言时，你会有罪恶感，然后就通过投入新的任务来掩饰你的罪恶感。

保持内心的力量

当弗兰克撕下了那层既保护他又折磨他的长期罪恶感伪装后，他决定使用一个想象出来的精神工具，这个工具是他为自己的过度紧张和专注发明的：

我想象自己在夏天开车穿越沙漠，我看到冒着热气的海市蜃楼。路面看上去是波浪形的，但我知道那不是真的。然后我提醒自己，现在在做的事情没有那么紧迫，这都是自己头脑发热形成的海市蜃楼。

用这个信手拈来的比喻来把你自己从不停战斗的状态下解放出来怎么样？这个方法正好合适。利用想象力绕开大脑中占支配地位的"首席执行官"。它不需要逻辑、分析或关注细节。像弗兰克一样，当你发现十面埋伏时，你可以自己设想一个精神工具，从而使自己重新获得平衡。

新方法解决老问题

没有人想要重温痛苦的回忆。生活在过去只会让那些不愉快的感觉在脑海里留下更深的烙印。但是当你小心地追溯到从前那段痛苦的记忆并面对它时，你可以把自己从它的魔掌中解放出来，继续前行。

习来的无助

20世纪70年代，心理学家马丁·塞利格曼（Martin Seligman）博士和唐·裕人（Don Hiroto）博士进行了一系列的研究，这些研究显示了早期的失败如何导致有能力的人很快就放弃尝试甚至失去从反馈中学习的能力。从那以后，很多其他研究者都运用这个基本模型中的变量复制该实验。

最初"习来的无助"实验中，研究对象必须听一个高声噪音，尽管面前有一个控制按钮。"可避开噪音组"可以按控制按钮关掉噪音。"不可避开噪音组"按自己的按钮不能停止噪音。他们被可避开噪音组控制。换句话说，不可避开噪音组的噪音只有在可避开噪音组的人按下他们的按钮之后才会停止。然后研究对象都被分配了新任务。这次要避开噪音，研究对象只需要把手通过"手指穿梭盒"从一边伸到另一边就可以了。可避开噪音组的研究对象们这次很容易就停止了噪音，作为对照的另一组研究对象没有听到过任何噪音，他们也和可避开噪音组一样照做了。但是，不可避开噪音组的研究对象们却没有，实际上，他们被动地坐在那里，接受噪音，尽管停止噪音不过是举手之劳。他们已经学会了束手无策。

在其他实验中，当三组研究对象接收到类似的可以避开、不可避开，或者没有噪音的调节时，无论有没有噪音，不可避开噪音组的表现都比另外两组差得多。他们没有解码像 IATOP 这样的变位词，也无法找到变位词的规律，尽管这些词中字母的错误顺序是一样的。而且在一个卡片分类的任务中他们也没能从反馈中获益，从而提高预测自己对错的准确率。

可避开噪音组的研究对象的反应显示出他们相信结果取决于自己的行动。而不可避开噪音组的研究对象的反应显示出他们不相信自己的行动会影响自己的成功或失败。

当我听见成年 ADD 患者给我讲述他们在学校的经历时，就会回想起在"习来的无助"实验里不可避开噪音组的研究对象。我想象幼年的他们坐在教室里，就像那些听从摆布的研究对象，尽管前面有控制按钮，却没有按下去制止噪音。他们试图发表自己的意见，考虑自己的想法，追踪感兴趣的问题，但是却被误解、被责骂，得到可怜的分数。

现在，作为成年人，他们还是觉得被愚弄，不确定自己是否能成功，就像那些不可避开噪音组观察对象，他们无视对自己成功的反馈，怀疑自己的反应会影响自己的成功。长大以后，他们唯一的减轻痛苦的方法就是躲在自己建造的防御后面。他们不相信现在一切都不同了。

重新定义 ADD

ADD 是一种异质的类别，我们可以从很多不同的方面观察它。那么为什么不选择一个最有帮助的角度呢？你可以为你自己或者你的孩子重新定义 ADD，以支持一个正面的个人形象。思考一下 ADD 有特定的生物学优势这个观点，最近发现了一些吸引人的证据可以支持这种观点。

农夫世界里的猎人

1993 年，作家，同时也是 ADD 专家汤姆·哈特曼（Thom Hartmann）写了一本书，名为《注意力缺乏症：一种不同的看法》。他提议从新的角度看待 ADD，把它当作自然适应特征：ADD 给了你一种作为猎人的生物学优势，这也是作为农夫的劣势。打个比方，问题在于要强迫猎人去当农夫。

这很确切，不是吗？如果你患有 ADD，你有和最好的猎人一样的特点。你不断地监测周围的环境，你可以迅速地投入追赶猎物，当即将找到失去的线索时，你能够持续追赶。另外，大多数教师、图书管理员和其他教育界的管理者更像农夫：他们以稳定、可靠的努力完成日常的工作，并使自己保持均匀的步调。

根据把 ADD 当作一种疾病的观点，只有农夫是正常的，猎人不是。而根据把 ADD 当作生物适应特征的观点，农夫和猎人都是正常的。问题出现在猎人与有利于农夫的环境需要发生冲突时。下面是对两种观点更多的比较（见表12-1）。

表 12-1 ADD 是疾病还是适应特征

ADD 是疾病		ADD 是适应特征	
病症	正常	猎人	农夫
不能集中精神	可以集中精神	环顾四周寻找猎物	聚精会神地种地
过分紧张和急迫	放松	别让猎物跑了！	停工休息，明天再干
计划性差	计划性强	你眼前的最重要	估计季节变化，规划有条不紊
没耐心	有耐心	抄近路追赶，好机会不等人	等庄稼成熟，好事多磨

用汤姆·哈特曼的话说："瞬间的决定构成了冲动，这是猎人的生存技能。"另外，种地也必须要有人做。"如果今天正合适种庄稼，你不能突然觉得想去打猎。"

自然的多样化是好的

2002年1月，来自加州大学欧文分校的一组遗传学家报告了一个可以支持适应特性理论的显著发现。他们将第一个与ADD相联系的基因多样化表现追溯到1万～4万年前，而且他们证明了随着时间的流逝该基因获得了正面的选择；换句话说，具有该基因的人具有前进性的优势。

这个基因变化是DRD4基因的7R等位基因（等位基因是一个允许多样化的遗传单位）。它为大脑化学物质——多巴胺——制造接收器。这个热爱新事物的基因与ADD和多巴胺分泌不均匀有关。这项新发现揭示了该基因的变异是人类在地球上飞速探索的时代发生的。基于重要的正面选择，该基因帮助人类生存和繁衍。生物化学教授罗伯特·莫西司（Robert Moyzis）博士这样说：

> 我们的数据表明7R等位基因的产生是一个不常见的、自然的变异，它成为人类的一个优势。因为这个基因是个优势，因此它逐渐变得普遍起来。有些基因变异是有害的，它们会易于导致遗传疾病，而7R等位基因跟它们很不一样。

这个基因变异是否在今天还是有优势的？我们现在就生活在这个问题的答案之中。企业家、飞行员、护理人员、全国运动汽车竞赛协会（NASCAR）赛车手和华尔街的交易员都是成功猎人的代表。但是，运气不太好的猎人还挣扎在传统的教室里、办公室的格子间里和他们不太擅长的人际关系里。

本曾经是个患有ADD的高中生，他在学校里的学习成绩有C、D或者F，尽管老师们喜欢他，但是他们都把他看作差生。

一个夏天，本参加一个留学项目到了中国。他全身心地感受中国，仿佛他就是一个中国人。他在野外和工厂工作，交朋友，学讲中文，用筷子；当有的家庭用甲鱼、牛蛙或者鱼头做菜款待他时，他都一一品尝。而其他学生却在外面的麦当劳就餐。

在教室之外，本实际上比别的学生好得多，他不是从书本上死记硬背关于中国的事实，而是一个真正的学生，汲取知识，并使其成为自己的一部分。

有7R变异的多巴胺受体基因的生活将会成为我们想要的样子。如何理解和评价它都取决于我们自己，生物多样化是自然赐予我们最宝

第十二章 患了注意力缺乏障碍怎么办？

贵的礼物。猎人可以和农夫一样获益，只要他们记住：优势过分使用就会成为劣势。

我曾经应一个朋友的邀请参加一个投资俱乐部的会议，这个会议受"比尔兹敦女士投资俱乐部"的启发，这些女士碰巧都是思考全面、一丝不苟和有章有法的。她们很有智慧地研究和讨论各种股票的评级、费用比率、每股盈利率、增长率、净资产价值、阿尔法和贝塔系数、成交量和风险。但是几个小时以后，在休会的时候，她们还没有做出一个购买决定，我脑子里持续出现的词就是"猎人世界的农夫们"。

感受性基因

理解另外一个与 ADD 相关的基因也是有帮助的。影响注意力的基因和决定我们眼睛颜色的基因是不同的。基因学家把像 DRD4 这样的多巴胺受体基因称为感受性基因。换句话说，它们与外界环境和其他基因发生互动，形成引发 ADD 的潜在可能性。生物学在研究像人类注意力这样的特性方面还有很长的路要走。

据基因学家说，好几百个基因影响我们的个体性格，而有证据指出特性是连续的。换句话说，注意力缺乏障碍是正常的特质范畴内的一种极端情况。你其他的基因、习得的技巧以及你现在的工作环境都会对你是否患有 ADD 及其严重程度产生影响。

假如你确实有 DRD4 基因的 7R 等位基因，而且你的多巴胺分泌水平不均匀。你或许还有其他的基因减轻这一影响，譬如你血液中的复合胺就会有这种作用。或者，你父亲也有这个基因，而从你很小的时候，他就教你如何应对，可能还用他自身作为好例子。又或许你身处一个不太需要"农夫"的工作环境。你可能有基因带来的特征，但未必会严重到成为一种"障碍"。

爱迪生特质

在我的第一本书中,我描述了这样一种人,他们聪明、有想象力,是发散型思考者。换句话说,他们的头脑会像爆米花一样,同时迸发出很多思想的火花。与思维连续而且有条理的收敛型思考者不同,有爱迪生特质的成年人和小孩经常会和外界发生摩擦。

> 苏菲现在是一名大学二年级的学生,有一天她来到我的休息室。我问她有什么事情,她说她刚刚在放学时路过自己的高中学校,看到很多小孩拖着有轮子的双肩包。她说,当她7年级的时候,也拉着一个双肩包去上学。和现在很多学校一样,学生们不能锁箱子(这样就不能藏匿违禁品了),所以学生们只能背着沉重的教科书往返于家和学校之间。当苏菲拉着有轮子的双肩包上学时,大家因为觉得她怪异而排斥她。现在,事实证明,她不过是有些超前罢了。

苏菲采用了一个别人没有想到的有创意的、聪明的解决办法。这是爱迪生特质决定性的特点。这种发散式的思维倾向因托马斯·爱迪生而得名,因为他极其不愿意循规蹈矩,为此两度被赶出学校。后来爱迪生被人以适合他特点的方法教导——鼓励他建立实验室,让自己不知疲倦的思维自由驰骋——他就成了美国历史上最高产的发明家。

如果你有爱迪生特质,你就更有可能患有 ADD。而对你来说,运用技巧和策略令自己保持在注意力专区就显得尤为重要。或许你已经记起来了,在第四章我们说过,随着时间的流逝,你的习惯会加强或者削弱大脑中的某个通路。

向爱迪生学习,运用你的优势来应对面临的挑战。你实践的习惯会让你在成功之路上与众不同。决定行为的不是基因，而是你做出的选择。

你的注意力专区被峭壁包围

已经找到合适策略应对 ADD 挑战的人经常会不遗余力地坚持这些策略：

- 你不明白。我一定要在睡觉之前把桌子清理干净。我和别人不一样，如果就这样乱七八糟，我可能会好多天都没法回到这里工作。
- 对于有些人来说，锻炼就是锻炼，如果错过一次，他们还会补回来。对我来说，锻炼就是全部，如果错过了一次，我这一天都完了。
- 我工作的时候会把手机放在另外一间屋子里，只是关机是不行的。像巧克力狂一样，他们得把所有的巧克力制品都放得远远的。

如果你患有 ADD，在被打扰之后，你必须要很努力才能重新集中精力。所以一旦你找到了适用的办法，最好严格执行，尽管其他人会觉得你很挑剔。

想想那条倒 U 形曲线，它是弓形的，渐渐从无精打采的区域过渡到精力集中的区域，再到高度亢奋的区域。对大多数人来说，这个斜度是平缓的，渐变的。而对于你，那却是一个峭壁，如果跌下去，你得费好大的劲才能爬回来。

认知和对策

如果你患有 ADD，你可以培养健康的习惯来自我帮助：有规律的睡眠，均衡的营养，体育锻炼，策略性地使用刺激，所有在第八章中学到的行为技巧你都用得到。这些技巧将帮你远离峭壁。而且，有用的自我对话可以帮你改善 ADD，而不会加重症状。

认知："我总觉得事情迫在眉睫。"

对策："我得留出多余的时间。"

认知："我需要一些刺激。"

对策："我要到书店学习。"

认知："我需要安静。"

对策："我得到图书馆学习。"

当你用正面词汇重新定义自己的 ADD 时，你就会觉得没有什么自我保护的必要了。你可以更自由地认知需要应对的问题。例如，你可以承认自己在判断时间上有困难，那么如果你有安排或者约会，给自己留出一段时间作为缓冲会让你感觉好一点。

你要意识到和其他人相比，你与刺激有不同的关系。有些时候你必须要去咖啡店才能学习，因为你需要新的视野和声音，并且可以从在场的其他人那里获得能量的输入。另外一些时候你必须去图书馆，因为就连自己的呼吸声都会干扰你的思维。

药物治疗：个人选择

所有治疗 ADD 的药物都会通过某种途径使肾上腺素水平变得有规律。最广泛应用的药物——哌甲酯、Adderall 和 Concerta[①]——都被认为是可作用于多巴胺受体的促进剂。

是否用药物治疗你自己或你孩子的 ADD，都是个人的决定。自己

[①] Concerta 和 Adderall 均为美国市场上用于治疗多动症的一日一次的药物。——译者注

要去了解，还要权衡利弊。风险有哪些？好处有哪些？跟你的医生谈一谈，探索更多的选择，包括药物的和非药物的。

准备接受多种可能性。有时候两个人有非常相似的症状，但是药物治疗对一个人有用，却对另外一个无效。某种药物可能在你生命的某个阶段管用，但是过了一两年作用就减小了。对治疗 ADD 药物的选择是你生命中需要反复做出的决定。

药物在服用后的一个小时之内就可以发挥作用，并且可以维持几个小时甚至一整天（如果用缓释药剂）。因此，你可以选择如何运用这一工具。很多人在某种情况下服用药物，而另外一些则不是。我认识一个患有 ADD 的作家好几年了，他服药就非常明智。当他需要注意一些像研究记录或者商业账册之类的细节时，就服药。当他需要天马行空的想象或者建立新联系，或者用创作力写作的时候，就不服药。

工具，而不是拐杖

如果你真的选择了药物治疗，那么你怎么看待它很重要。服用药物不意味着你可以完全不用练习，它意味着你现在有更强大的工具可以在练习时获得更好的结果。

如果你给自己的孩子选择药物治疗，如何给他们吃药很关键。有人在第一次忘记给孩子吃药的时候发现了这一点。那个小孩考试不及格，他甚至没有试着去及格，因为他记得自己忘记吃药了。有的家长被请到学校，因为他的孩子打了同学还辩解说"我今天忘记吃药了"。

让你的孩子知道，药物治疗不能取代自我控制。药物的目的是支持而非代替他的努力。告诉孩子，药物不能取代技巧的培养和方法的使用，它只是帮助人加强能力的一种方法。

有研究表明 30% 采用药物治疗 ADD 的小孩在两年之内停止了服药，60% 的小孩在三年内停止了服药。CHADD（患有注意力缺乏障碍的成人及儿童）的教育手册上说："过度依赖的后果很明显，药物的使用最好被当作一个教育者可以集中精力教导组织和学习策略的好机会。"

成人和孩子都应把药物治疗的经历当作一个学习的机会。当你体会到井井有条的感觉时，你就会有更多的机会让自己再度体会那种感觉。

如果你有高血压，服用贝塔受体阻断剂并不意味着你能吃很咸的食物或者让自己变成胖子；如果你的胆固醇高，服用他汀美药物并不意味着你就能吃肥肉、奶油或者大量甜食。服用某种促进剂来提高你的注意力也是一样。你需要混合运用合适的精神锻炼项目：不断运用技巧、策略，培养健康的习惯，使自己保持在注意力专区里。

班尼斯特效应

人类有多少极限是心理上的，有多少是生理上的？除了一些明显的极端情况——从高楼顶上跳下——最好的答案是"我们不知道"。而且，由于我们都在不断变化，最权威的答案就是"尽量猜一个，然后等着看吧"。

1954 年以前，没有人能在 4 分钟之内跑完 1 英里。大家认为这在医学上是不可能的，人可能会因为血压过高而心脏爆裂。后来，罗杰·班尼斯特（Roger Banniste）成为第一个打破这一纪录的田径运动员。一年之内，很多运动员都打破了这个 4 分钟的纪录。这些赛跑运动员改变了限制自我的信念。

第十二章 患了注意力缺乏障碍怎么办?

现在,很多 ADD 患者成功地学会了集中精神,有些甚至成效显著。戴维·尼勒曼(David Neeleman)是捷蓝航空公司的创始人和首席执行官,还是电子票据的发明人。他将自己 ADD 的优势作为资本加以利用,并且认为这些优势远远胜过 ADD 带来的负面问题。金考快印(Kinko's)的创始人保罗·奥法里(Paul Orfalea)也把 ADD 当作优势,他洞察力十足地反对"缺乏"一词,因为他觉得这样说是不对的。他的一个密友把他的 ADD 修改成 AAD(accelerated attention disorder),即"加速注意力障碍"。

如果你开始相信冲破障碍在生理上的不可能——如果你觉得那些障碍让你感觉到"习来的无助"——或许是时候该诘问你自己的极限了。像罗杰·班尼斯特和所有打破 4 分钟 1 英里纪录的赛跑运动员那样,尝试接受新的信念。在实践中,我和一些像班尼斯特那样打破自己纪录的人打过交道。有的坐在教室里,一心要得到个高一些的分数;有的在工作中挑战新的职责;还有的再次发誓要实现一个新的愿望。

是不是到了给自己一个新开始的时候了?诺曼·卡森斯[①](Norman Cousins)曾经说过:"相信需要的一定是可能的,进化就会随之开始。"

---

① 诺曼·卡森斯(1915—1990),美国 20 世纪中期最有影响力的杂志编辑之一。——译者注

第四部分
注意力是你的生活方式

更多地运用新的方法，你就能够更加容易地保持在你的注意力专区中，同时教育你的孩子保持注意力。第四部分作为总结性章节，将帮助你指导你的孩子，以使他们也感受到注意力的力量，并从中受益。

第十三章
教导孩子提高注意力

> 为人父母最基本的任务就是帮助孩子开发属于自身的天赋、技能和智慧,使他们在没有父母陪伴的时候仍然能够应对生活的挑战。
>
> ——李·索尔克(Lee Salk)博士

曾经有一次,我对一群父母进行演讲,我向他们解释了如何帮助孩子在电视节目及游戏的问题上做出正确的选择。听众中有一位母亲问道:"我不明白孩子的决定有什么重要。我会决定电视机什么时候可以开,什么时候应该关掉,以及其他类似的问题。其他父母难道不也是这样控制他们的孩子吗?"我问她的孩子有多大了,她回答说一个九岁,一个十一岁。我知道她完全没有意识到在未来一两年内将有怎样的暴风雨袭击她的家。

我采访过数百名儿童、十几岁的少年和年轻人。他们的聪明才智超乎想象。如果他们想要看一部少儿不宜的影片,他们就可以想办法看到；他们的朋友中有人可以不受监管地看电视。如果他们想要玩限制级别的游戏，他们也可以想办法做到；他们知道哪一个看起来完全不同。要研究一篇历史论文对他们来讲也许是有难度的，但他们可以很轻松地找到一些网站，教他们如何突破父母对网络的控制，并很轻松地删除那些他们曾经访问过的网页记录。当他们离家进入大学后，那些曾经生活在家庭高压政策下的孩子一有机会就会迷醉在自由以及大量的啤酒里。

十几岁的少年和年轻人需要尝试突破限制，这是他们这个年龄固有的特质，是这个年龄段的成长任务。你可以回想自己十几岁和二十几岁的时候，有没有这样的体验，就是如果你的父母不在，有些决定你一定不会做。

我们不能试图去控制我们的孩子。当他们还坐在婴儿椅里面的时候，就开始在按他们的自由意识行事了，他们会拒绝我们试图喂他们吃的蒸蔬菜。但我们能够教他们学会自律，这样无论我们是否在他们身边，他们都能够做出正确的选择。

自律教育

不要让你自己在控制权斗争中失利，或让你的孩子掌握控制权。你是成年人。不要站在孩子的对立面。

但这并不意味着你要妥协。这是指你需要重建你们的亲子关系，从而达到这样的目的：不管你对什么事情持反对态度，他们仍然会认为你是和他们在同一阵营，这是最重要的一点。不必经历戏剧性的场面、喊叫或混乱，你仍然可以适当掌控，做出决定，划定界限，执行规则，并让你的孩子对自己的行为负责。

想想在你超速的时候，警察是如何让你停下来的。他不会对你大声喊叫，不会质问你为什么又这样对他，而以一种尊重而且现实的态度，开一张罚单给你，让你受到惩罚。

父母是孩子的第一位老师。你有极佳的立场去教导他如何集中注意力，但前提是他相信你，并能够感觉到你对他的支持，同时，他必须在错误中学习和成长，这是不可避免的。

成熟度

你对孩子进行自律教育应当采用何种方法取决于孩子的年龄。年龄很小的孩子需要你指定简单、直接的规则，便于他遵循。到孩子七岁左右，你应该更多地通过行动来对他进行自律教育，减少说教。一个简单的周度表格，一盒子星星标志或贴纸可能会很有帮助。在表格中列出孩子生活中最重要的三四项日常事务，用图画效果更好。记住表格中特别要包括他应该保持安静的时间。

孩子到了七岁左右，应该开始有意识地对他进行自律教育。经常问问自己，在你为孩子设定限制，以及孩子遵循你的要求的过程中，他能够学到什么？他是不是为了避免受到惩罚而学着试图对你隐瞒真相？他是不是学着通过改正自己的错误而不断进步？

以规则来保护你的孩子，直到他足够成熟，能够自行处理事务。当孩子年纪越来越大，应当逐渐让他拥有更多的发言权，参与到他生活规则的制定当中来。

教育孩子保持注意力的五个步骤

教育孩子保持注意力的步骤
第一步——做个好榜样
第二步——鼓励专注,而非打断
第三步——给孩子工具
第四步——划定界限
第五步——信任孩子

重建亲子关系可以让你拥有一个良好的未来。如果你感到愤怒或失望,你可以运用你的感受来安慰自己,提醒自己孩子的童年将很快过去,应当超越自己的愤怒和失望,让孩子享受宝贵的童年时光。你应该甚为欣慰,对你自己,你所做的全部事情,以及作为如今的父母你所面对的从未有过的挑战。挑战很大,但收获更大。

第一步——做个好榜样

萨拉是一个想象力丰富、爱做白日梦的孩子,她很难把精力集中在她的家庭作业上。心理学和教育学测试显示,萨拉很聪明,但不成熟,她正处于注意力缺乏障碍的边缘。萨拉的母亲杰姬曾经读过我的书《梦想家、发现者和发电机》,她来找到我,希望可以学习如何在家里帮助她的女儿。

我让杰姬描述一下萨拉做作业时家里的情况。她说,她在厨房里做饭,而萨拉就坐在厨房旁边的桌子旁,这样萨拉可以随时向她寻求帮助。萨拉的弟弟,山姆,就在活动室里玩,这样杰姬

第十三章 教导孩子提高注意力

可以从厨房里看到他。她的丈夫要到晚上七点才能下班回家。

见到萨拉后,我们一边聊天,一边一起画画,当她全神贯注地画画时,她对我保证说,"没关系,我在听你说话",但事实上她并没有。谈话结束,当她的妈妈和弟弟回家后,萨拉就无法集中精神了,她在和弟弟争夺妈妈的注意力。

此后,我再次与杰姬见面,我从萨拉的眼睛里更好地了解了她对家庭作业时间的理解。这要从杰姬的角色模式说起:她是一个工作努力、善意,而且有着很多不同工作的妈妈。萨拉看到的是一个不能专注于她正在做的事情的女人,她看到的妈妈不停地在食谱、哭叫的儿子和女儿的作业问题之间忙碌穿梭。如果杰姬正在往锅里添加调料,估计烹调的时间,或正在盯着滚开的锅,而萨拉试图吸引妈妈全部的注意力,杰姬就无法专心听萨拉的话,但她还是会向女儿保证说,"没关系,我在听"。萨拉学会了用一种最不成熟的办法赢得妈妈的注意力:大声哭闹。

解决问题

杰姬对萨拉的家庭作业时间重新进行了计划。她调整了晚餐的菜单,选择那些无须太多关注的菜式,同时她阻止了山姆对她们不断的打扰。山姆喜欢乐高积木,所以杰姬养成了一种新的习惯,她会和山姆一起坐下,用十分钟的时间专心地和他一起玩,直到他完全沉浸在游戏中。此后,每当山姆可以自己安静地玩十分钟左右,杰姬会一言不发地往桌子上的一个空瓶子里扔一块乐高积木。当瓶子满了的时候,山姆就可以得到一个他想要的新的乐高玩具。如果山姆停下来打断,并询问妈妈是不是到时间应该扔积木的话,他将受到惩罚,只能再等待十分钟才能获得一块。如果山姆在一个半小时之内都没有打断,他可以在他的游戏结束后看一部他想看的影片。

一个专注工作的榜样

至少现在在杰姬可以坐下来和萨拉一起做作业了。我也鼓励杰姬更多地学习关于镜像神经元的知识，于是她读了丹尼尔·戈尔曼的《社会智慧》。杰姬感受到了榜样的力量，当她坐下和女儿一起做作业时，她选择做一些需要集中精神的工作——付账单、支票簿对账、处理来往信件。她们一起坐在桌子前面，安静而专心，杰姬做她的工作，萨拉做她的作业。

杰姬强迫自己不要在电话响起来的时候跳起来去接，在自己忽然想到什么需要去做的事情时，也不马上跳起来去做。她的任务是保持注意力。基于镜像效应，萨拉也将专注于她自己的事情。

当萨拉提问的时候，杰姬专心地倾听，但不会帮萨拉做她的作业。此后她会回到自己的工作中，期待萨拉像她一样做。家里的气氛和以前完全不同了，嘈杂的环境和无休止的、毫无意义的行为都没有了，取而代之的是平静的氛围，以及工作完成的感觉。

很快，萨拉开始每晚都能完成她的作业，并为此感到自豪。她仍旧爱做白日梦——这是她的性格。但现在，当萨拉坐下来做她的功课时，她会坚持到她完成为止。杰姬逐渐让萨拉更长时间地自己留在厨房桌子前面。她继续保持着专注和工作的氛围。她也继续关注这些对萨拉的行为所造成的影响，包括好的和坏的。

保持关注

杰姬很聪明地认识到是她自己在晚餐时分散的注意力影响到了萨拉。她首先意识到了这个问题，然后才成功改变。我在提供咨询的过程中见过很多家庭，家庭成员总是互相打扰，他们都清楚这一点，但在打扰别人的时候却意识不到。你在多大的程度上意识到你的行为对孩子的影响？

如果你的车发生轻微追尾，而你孩子恰好也在车里，这就是一个教导孩子如何在压力之下保持注意力的绝好时机。你的肾上腺素正在汹涌，很难让你保持冷静的头脑。而且这也是个很难得的机会，可以让孩子们看到你在面对危险时的作为。在脑海里排练一下自己将要做出的行为。让自己保持冷静和注意力。告诉你自己你正在为孩子们在同样情况下所会采取的行为播下种子。

你的自我观察将告诉你，你正在成长的子女如何看待你，以及他们会把自己的哪些事情告诉你。有另一个在工厂工作的家长曾经告诉我，他的儿子对他说："爸爸，你的黑莓手机就像我的游戏机，你打算什么时候把它放下？"

犯错在所难免，世界上没有完美的父母。实际上，任何错误都能成为在你犯错时应该如何去做的好教材。一个好的角色模式不是完美，而是关注。

第二步——鼓励专注，而非打断

萨拉作业很多或很难的时候，杰姬就待在附近。她希望能够在萨拉独立完成功课后马上奖励她。她不想像从前那样，只在萨拉遇到困难停下来跑去寻求帮助的时候给她鼓励。

当杰姬洗水果或去倒垃圾的时候，她不发一言，同时注意着她的女儿。当她看到萨拉完成一页作业，或换另外一门课的作业时，杰姬都会对她说："好样的，萨拉，你做得真好。"如果萨拉可以专注于她的功课，杰姬在不造成萨拉分心的情况下会对她进行褒奖。

萨拉升入五年级以后，她开始在自己的房间做作业。杰姬担心因为看不到而不能在适当的时候对萨拉保持耐心进行鼓励。所以她采用其他的方式安静地观察女儿，并及时地对她进行鼓励，同时不会打断她的学习。

下午萨拉做功课的时候，每隔半个小时，杰姬都会给她拿一些吃的或喝的——健康零食或柠檬水，同时递张小条子给她，写着"为你自豪"，"你一定行"，"加油"等，或仅仅画一朵花或一个笑脸。萨拉对于母亲的行为甚是期待，也不会让它打断自己的功课，这让她更努力地投入功课中，她知道这样做妈妈会很高兴，她也看到妈妈在很努力地让她高兴。

萨拉学会了在自己的房间完成她的作业。需要的时候，她会休息一下，这样她可以保持注意力。她不会在每次自己失去注意力的时候去争取妈妈的注意了。她学会了坚持下去，并把问题留到最后。这样做萨拉自己也感觉很满意，尤其是她一直坚持，直到最后可以自己找到问题的答案时。

找麻烦

最开始的时候，你可能会觉得在孩子正在集中注意力的时候鼓励他集中是违反常规的，你不想因此让他分心，你知道让他安静下来有多难，这样做就像是要叫醒一个已经睡着了的婴儿，你只是自找麻烦。

事实上，如果你在孩子不能集中注意力的时候鼓励他，才是真正的自寻烦恼。轮子吱吱作响了，你就会给它上油，孩子也是一样，但这样下去他会更大声、更经常地对你进行刺激。如果你仅仅在孩子进行不下去的时候给他以关注，他会越来越多地陷入这样的境地以换取你的关注。如果你仅仅在他分心的时候停下你手里的工作来到他身边，在漫不经心中，你正在训练他不断地分心。

有效率的教师经常采用的办法是抓住孩子们做出正确行为的时机表扬孩子们。如果他们希望孩子们能在教室里安静下来，并集中注意力，他们会说，"我看到琼尼已经准备好听讲了"，"玛丽现在也准备好了"，"现在是保罗和琳达"……他们知道他们特意表扬的行为将会在未来越来越多地出现。

妈妈最爱我

你有没有注意过你的孩子在什么样的情况下会专注于他所做的事情？在你接听电话的时候，他是不是会安静地待在你身边听你说话？父母的关注对孩子来说是非常有吸引力的奖励，特别是在别人也想来抢夺的时候。

你可以通过事先模拟演习来帮助你的孩子改变。让你的孩子告诉你，如果你正在讲电话，或者正在和另外一名成年人交谈，他自己应该选择怎么样做才对。他可能会说，"保持安静"，"自己找些事情做"，或"一只脚站着，让你知道我在等你"。然后让他把他的选择做出来给你看，这样他可以对这样的情况做出实际的演习。假装电话铃响了，你把它接起来，让他按照他的选择去做，这样多次重复练习，记住要保持笑容，拥抱他，并告诉他他做得很好。这样你就创造了很多机会奖励他保持注意力，而不是在他打断你的时候鼓励他。

下一次当电话真的响起来的时候，不要让他等待得太久，这样可以帮助他成功地做出正确的选择。此外，要用你的专注来激励他更多地做出正确的选择。

第三步——给孩子工具

开发他们的词汇量

和你的孩子讨论有关注意力的话题。帮助他描述他的情绪、想法和行为。这样做是因为一个描述性的标签可以作为一种有益的工具来帮助他了解自己的需要。使用下面的词语：

"工作中"和"工作停止"

"专心"或"分心"

"在你的注意力专区中"或"跨出区域"或"大范围超出"

"你的注意力"

"改变状态"

"面对"或"逃避"

在我的经历里，我曾经和许多父母一起工作，他们都意识到不停地唠叨让他们的孩子去做作业是毫无效率的。事实上，这样做往往适得其反。但什么都不做一样是没有效率的。

当父母们开始将种种麻烦当作学习的机会时，他们很快就看到了更好的结果。从批评变为教育是很有挑战性的，下面是一些例子，可以帮助你教育你的孩子怎么观察自己以及自己的行为：

- 我知道你正在学习，好好干！
- 你现在是在学习还是停止学习了？
- 你怎样做能让自己重新回到学习的状态？

许多孩子都会很轻易地说"我很烦"。在他们看来，他们能做的就是对外界有趣或无趣的东西做出反应。不要因此而被他们误导，为他

第十三章 教导孩子提高注意力

们的烦乱负责任,这样只会进一步强调他们对此无能为力。

如果我们和周遭的环境一样,支持他们错误的假定,让他们的世界充满即时娱乐,我们才真正需要负责。作为成年人,我们应当承担起教导他们的责任,使他们认识到真正的力量源于他们自身,而不是来自遥控。

你应该让你的孩子认识到,当他们对某件事情觉得烦躁和无聊的时候,他们可以依靠自身的力量去改变这样的状况,如果他们能够更加投入,为之着迷并感受到乐趣,事情会完全不同。你应当启发他们,"想想你能做些什么让这看上去更有意思?"或者"发挥一下你的想象力,事情会变成什么样呢?"如果他们回答说"我不知道",那你就试着把这所谓无聊的事情转变成一种有趣的游戏。只要他们的想象力被点燃,他们会主动继续下去的。

躲避与休息

葛莱格和他的父母在他的作业问题上打起了拉锯战。几乎每个晚上,葛莱格总会在他的某些功课上遇到问题,无法解决,这最后总是会导致冗长而毫无结果的讨论或是紧张和愤怒的争执。他和他的父母都没有意识到,这样做无形之中葛莱格成功地诱使他的父母帮助他躲避了作业的烦恼。

在和葛莱格交谈的过程中,我提起了他成绩很差这个话题,他说"我不想谈论这个",我知道他这样说是因为对此感觉到尴尬和内疚,我告诉他,任何感觉到精疲力竭的时候,可以让自己休息一下。于是我们出去散步,大概十分钟后,我们回到房间,再次谈起他的学习,他的态度好了许多。我不断地给予葛莱格积极的信息,他也终于开始相信"我们需要去面对问题,而不是绕开它们"。

当葛莱格开始愿意谈论这个问题的时候，即使只是短短的几分钟，我都会鼓励他，让他知道他愿意与我讨论这个问题是很勇敢的行为。在家里，葛莱格的父母也学会了如何化解他们在功课问题上的争论，并意识到葛莱格的对抗态度实际上是对这个问题的逃避。他们能够看到日积月累的内疚感让葛莱格更加难以面对问题。很快，葛莱格也开始意识到他自己在逃避问题。

孩子们都难以承受让父母失望或被朋友们看作一个失败者的痛苦，所以他们想尽办法转移注意力，以避免面对这样的痛苦。这种逃避可以让他们得到安慰，但却让他们越陷越深。休息一下一样也能给他们这种安慰，但可以让他们在情绪平复之后回过头来面对此前他们所逃避的问题。当葛莱格像其他孩子一样，了解到这两种方式的不同时，他会开始逐渐取得进步。

在第五章中，我们谈到过"中断电源"的问题，"逃避"和"休息一下"的区别就在于此：休息过后，你会回到此前的工作中去。你不会迷迷糊糊地对待自己，好像把别人扔在商场里不管，你会回过头去面对你的困难，因为你的生活非常重要，而且你值得这样去做。

孩子们的注意力专区

孩子们倾向于不停地转移注意力，所以他们经常与倒 U 形曲线相关。给他们画一张倒 U 形的曲线图，让他们随便找出一点，作为他们现在的状态。在曲线图上写一个大写的字母 Z，这样他们就可以看到自己的注意力专区。让他们明白他们可以在自己感觉到烦躁无聊的时候增加一些刺激，而在负担过重的时候减少一些刺激，让他们告诉你他们的想法和计划。

你的孩子能够写下三件事，并集中精力做这三件事，把它们解决掉吗？当他注意力集中的时候，让他把要做的事情写下来，这样在他不能集中注意力的时候仍然能看见他之前准备要做的事情。把它拍成照片，这样在孩子做作业的时间里，随时可以看到。如果进行得很顺利，让你的孩子知道他的想法很有帮助；如果进行得不顺利，告诉他这是很正常的，这仅仅意味着应该再想一些新的主意。

和你的孩子练习"情景变换"，让这成为一种游戏。学习集中注意力不一定是很痛苦的事情，也可以很有趣，他还可能从中获得奖励。

坏选择/好选择

如果你的孩子有粗心大意或任性的毛病，你就要通过让他重述曾经犯过的错误来教他们自我控制。重述错误行为给他一个机会，可以学习下次如何做得更好，并且激励他做得更好。比如孩子今天上课走神了，忘了交作业。

如果你训斥他，关他禁闭，他会学到什么呢？他下次可能会努力地不让你发现。

如果你换种方式，问问他在这样的情况下，他可以做什么不同的选择，他很可能会说，"不知道"。但是，经过适当的教导，你可以帮他制订计划，让他下次在出现同样情况的时候可以完成作业。有些孩子需要更多的帮助，一定要有耐心，这应该是他自己的计划，而不是你的。对于年长一点儿的孩子而言，可以从教他进行自我对话开始，比如"我以前做过比这更困难的事情，这个就更不在话下了"；而对于年纪小的孩子，你应该让他知道，他可以随时寻求老师的帮助。

除了下次要有自己的计划之外，告诉你的孩子，即使已经晚了，也要完成作业并把它交给老师。现在，你可以说"做得很好"了，还要奖励他所做出的努力，他做出了更好的选择，并成功地完成了它。

好选择/坏选择这一方法的好处就在于你关注的是孩子正确的行为，而不是他错误的行为。记住使用下面的方式：

1. 指出哪些是坏的选择。
2. 询问孩子好的选择应该是什么样子的。
3. 要求孩子按照好的选择行事，并奖励他。

自我鼓励

教孩子进行积极的自我鼓励，这会使他终身受益。孩子的脑袋就像海绵一样，能够吸收这些积极的自我鼓励。

如果孩子不能保持注意力，而且对此无所作为，他会逐渐养成习惯，而这种习惯将阻碍他获得成功。你要帮他改正这种习惯，越早越好。问问孩子哪一种说法对他更有帮助，是"我很愚蠢"，还是"我从错误中吸取了教训"。

一定要牢记，你对孩子如何说话，他就对自己如何重复。你更希望他在脑海里重复哪句话，是"你太不长记性了"，还是"你是记得的，静下心来就可以想起来了"？通过自我鼓励，各个年龄段的孩子都可以进行自我教育，并取得成功。在一个例子中，一个八岁的孩子就是通过不断的自我鼓励而保持注意力，从而在学业和体育上都取得了巨大的进步。基于他对自身注意力的认识，他对自己这样说（每当进行自我鼓励时，他喜欢用名字来称呼自己）：

尼克，你的肾上腺素又上升了，你本应该更加成熟，做得更好。

第四步——划定界限

睡眠

早在1925年，就有研究表明，儿童智力的开发和睡眠有很大的关系。创立过斯坦福-比奈智力测试的路易斯·特曼（Lewis Terman）博士发现，在他研究的各个年龄段的孩子中，睡眠时间越长的孩子，在学校里的表现越好。

每个孩子对睡眠的需要是不同的，根据美国国家睡眠基金会的建议，你可以将下列数据作为参考：

- 学龄前儿童（3～5岁）——11～13小时，包括小睡
- 学龄儿童（5～12岁）——9～11小时
- 青春期少年——8～10小时

布朗医学院对6～12岁的儿童进行的一项研究表明，每晚睡眠时间达到8小时的学生最容易在学习中保持注意力。密歇根大学进行的一项研究表明，低质量的睡眠和注意力缺失紊乱症有关系，特别是8岁或8岁以下的男孩子，因此，心理学家加恩·法伦（Gahan Fallone）博士指出："让孩子准时上床睡觉和让他们按时上学同等重要。"

孩子在上床时间这个问题上可能会非常固执——这往往是父母最累的时候。但上床时间不一定要成为斗争时间。在一天中更早一点的时间来解决这个问题，不要等到你和孩子都很累、很不理智的时候。

记住要决定好适合你孩子的睡眠时间。选择一天中适当的时间段并让孩子养成习惯。这可能需要你动动脑筋，你要基于孩子的年龄决定他的睡眠时间，并投其所好，想办法鼓励他养成一个新的习惯。比如，如果他能够连续五天都准时上床睡觉，就可以允许他邀请朋友们

到家里来吃比萨、看电影。这样三个星期后,你就可以收回奖励了,他也已经开始养成好的习惯了。

和孩子一起,帮他培养一个良好的睡眠习惯,这将对他未来的成功大有助益。提前预留足够的时间,早一点儿关掉电器,降低房子周围跑跳的声音。使上床睡觉成为一种仪式——柔和的音乐,暗淡的灯光,令人放松的阅读,并和他们说晚安。如果你的仪式奏效,就继续使用它;如果不起作用,在白天和你的孩子一起讨论新的计划。

如何帮助孩子入眠:
- 建立有规律的平日上床时间和周末上床时间。
- 在固定的时间准备睡眠和关灯。
- 限制孩子对糖和咖啡因的摄入,特别是在下午两点以后。
- 将电视和游戏机控制在卧室之外。
- 将足够的睡眠作为家庭优先考虑的问题,而不是控制孩子的手段。
- 睡眠前进行愉快的、平和和充满爱意的仪式。

电视与游戏

在第九章中,你曾经读到过美国儿科学会的建议,那就是0~2岁的儿童完全不应该看电视,对于年龄大一些的孩子,学会也建议每天看电视的时间不要超过两小时,而且观看的节目应当是有教育意义的非暴力节目。他们还同时建议孩子的房间内不要摆放电视机。

如今美国的孩子们平均每天要看3~4小时的电视,这还不算DVD电影或电视游戏。曾经有一项研究表明,我们的孩子们平均每天有6小时32分钟用在各种各样的媒体上。另一项研究表明,2~7岁的孩子中有32%卧室里有电视机,8~18岁的孩子中有65%卧室里有电视机。

面对专家建议和现实情况的巨大差异，如果你给孩子设定限制，结果会怎么样？他会告诉你约翰尼可以看电视，玛丽的父母也允许她看，吉姆的房间里甚至有电视机。你的孩子喜欢看电视，而且希望能和他的朋友们一样。美国儿科学会的结论高度可信，它建立在科学的基础上，而且有利于孩子大脑的健康和成长——但偏偏不知道孩子最想要的是什么。那我们该怎么办？

对于学龄前的儿童和低年级的孩子，应当由你来决定什么时候开电视机，什么时候关电视机。简单地告诉孩子，"因为现在应该是保持安静的时候了"，或"因为现在应该是思考的时间了"，或"我们出去玩吧"。

对于年纪稍大的孩子，教会他们自控：

- 和孩子一起看一则广告片并一起分析，让孩子告诉你广告商是如何试图让他感到不能不买最新的电动玩具的。
- 做好榜样，和孩子分享你的想法，避免说教。当你关上电视机后，让你的孩子感觉到你和他一样，也想再多看看。
- 告诉你的孩子，当他自己关上电视机时，你为他感到骄傲。
- 问问你的孩子他认为看多久电视对他来说更好，交谈时注意对看电视的时间要很精确，这样他可以学习掌握他的时间。
- 倾听孩子的观点，投其所好地向他提一些苏格拉底式的问题，比如"你说宇航员到底有多少时间可以看电视呢？"
- 准备一些非电子模式的娱乐项目，让它们随时可用——一种乐器，优秀的非电子类游戏和拼图，有小笑话的故事书和连环画。
- 咨询专家——下一次孩子的儿科医生来访时，和他谈谈。

坚持原则，比如作业做完之前坚决不能看电视，但在孩子可以处理的范围内，给孩子一些自主权，让他参与制定一些与他的娱乐时间相关的规则。

如果是十几岁的孩子和电子游戏的问题,你一定要参与其中。即使经常输,也要和孩子一起玩。当他向你解释游戏的规则时,注意倾听。许多电子游戏都可以开发孩子的智力,比如做出复杂决策的能力和解决问题的能力。他会向你展示一个世界,这个世界里他比你懂得更多,而你应该感到很欣慰,你的孩子拥有如此的能力。这样到了你需要对他做出限制的时候,他会尊重你的意见,因为你对游戏很在行,而且你也让他知道了你很在乎。

MySpace 一代

你的孩子在这样的环境下长大,这个环境给他的生活施以重要的影响,给了他们更多的社会权力,让他们拥有更多的与外部世界接触的机会,这是以往的时代与他们同年龄的孩子从未经历过的,他们通过在线网络平台与外界交流,如 MySpace、Friendster 以及 Facebook。

如果你正值青春期的女儿过于繁忙而无暇于她的家庭作业,这可能是因为她正在更新她的在线信息,或者正在上述那些网络平台上和她的朋友交流。如果你发现她流眼泪了,那可能是因为某个很受欢迎的女孩取代了她"前八名"的地位,或者是因为自己要求成为某人朋友的要求被拒绝了,而且整个世界都知道了这个悲惨的消息(这可一点儿都不夸张)。在这样的情况下,她还怎么能集中精神去做代数题,或者去温习世界历史?

很多年以来,孩子们可以通过躲在雷达扫不到的角落来逃避初中岁月残酷的人际关系挑战。这个选择对你的孩子来说已经不可行了。在数字化的世界里没有避风港,也没有老师、助教或辅导员能够来保护他们。

对于父母来说，应对之法仍然是让自己参与其中，但这是需要技巧的。十几岁的孩子很在意他们的隐私，特别是关于他们的朋友。作为心理学家，同时也是作家，赖瑞·罗森（Larry Rosen）博士是"网瘾"方面的专家。2006年，他在他的一项研究中发现：

- 仅仅有1/3的家长曾经看过孩子在MySpace上的主页。
- 差不多有半数的家长对孩子使用MySpace做出限制，但仅仅25%的孩子同意这些限制。
- 有一半的家长说他们的孩子在自己不能监督的地方上网。

最大的挑战是在你与孩子之间建立信任。找到一些办法，鼓励孩子们和你交流他们的经历。不要用审问的口吻和他们谈话。如果你的孩子感觉自己是被关在一个小房间里，坐在一张木椅上，被台灯照着，她一定会闭口不言，不再与你交流。让她感到安全——想象一下你正在和她并肩散步的情景。

其他健康的习惯

有营养的饮食、锻炼、良师益友、远离干扰……这些行为技巧可以帮助你的大脑保持良好的化学平衡，以保持你的注意力，这些对你的孩子和她正在成长的大脑来说更为重要。为孩子设定限制是极富挑战性的，没有人愿意成为"某些家长"，在轮到他们给大家准备零食的时候带去胡萝卜和芹菜梗。关键的问题是保持平衡。

下面是一些有用的提示，在你对孩子做出限制的时候用得到：

- 如果你感觉在有些时候可能需要被迫同意，给你自己一些时间，对你的孩子说："我们回头再谈这个问题。"
- 让自己作为旁观者，从而做出客观的判断。
- 获得更多的信息——咨询老师、教练、营养师、医生或其他能够让你信服的家长的意见。

一旦你做出了一个有益、严谨而且考虑周全的决定,一定要坚持你的决定,孩子们需要前后一致的指导。

让你的孩子做出承诺

我曾经接到过一个父亲的电话,他想知道要怎样做才能让他的儿子少看一点电视。听了他所做过的所有努力之后,我建议我们进行面谈。

首先,道格和他的爸爸应当结束他们之间关于控制权的斗争。道格的父亲说道格经常进行挑衅,目中无人。道格说:"爸爸并不拥有我。"

在咨询过程中,我让他们轮流说话和聆听,要求说话的人要言简意赅,并说出他的心里话,同时,我要求聆听的人保持安静,真正做到倾听对方所说的内容,而不只是等待轮到自己继续说话。此外,我还要求聆听的一方在听过后对自己所听到的内容进行总结,并且在开始他的谈话前对对方说话的内容做出回应。我鼓励道格和他的父亲在家里继续进行这样积极的倾听练习。

当道格不再纠缠于向父亲证明什么之后,他终于承认自己沉迷于电视,道格的父亲领教了儿子的洞察力。过了不久,道格有了个主意:在他开电视机之前,他会拿一张即时贴写下自己打算关掉电视机的时间。他会把即时贴贴在电视机屏幕上,这样即使他已经看电视看得迷迷糊糊的,他也不会忘记。这个方法很管用,有趣的是,在我们最后一次谈话中,道格很骄傲地告诉我:"电视不能拥有我。"

如果在道格的父亲第一次给我打电话的时候我就让他使用这个即

时贴的方法，这个办法还会管用吗？肯定不会。除非是道格自己想出来的办法，否则就没有魔力了，只有这样，他才可能对此感兴趣。他自己选择的合理的办法才是最终管用的那个。

没有什么比花点时间倾听孩子的心声，帮助孩子开发属于他自己的自我控制工具更有效的了。他越深入地参与到计划中去，他越有可能获得成功。下面是一些有用的技巧，可以帮助确保他履行他的承诺：

- 问你孩子如果他是家长，他会怎么做。
- 提出一些授权性的问题，比如"什么时间你会……"
- 给他一些结构性选择，引导他遵循规则。与其说"去做你的作业"，不如说"你愿意开始做你的历史或数学作业吗？"

第五步——信任孩子

在今天高度竞争的社会里，每一对父母都希望自己的孩子拥有优势。有声望的私立学校——甚至是幼儿园——都有大群的孩子在排队。在学校里，在整整一天都安静地坐在座位上保持注意力之后，孩子们还是不能在公园里奔跑游戏，假装自己是匹小野马或是正在捕食的老鹰。还有语言学校的课程、计算机程序编写和芭蕾课在等着他们。

进入高中以后，确保自己能够被优秀的大学录取就等于得到一个全职工作。孩子们要去参加补习班，终日演算和参加模拟考试，准备大学升学考试。他们需要参加各种预修（AP）课程，写出优秀的论文，参加各种文体活动从而使自己脱颖而出。

如果你是他们的父母，你时刻都在想着：我做得足够好吗？我的孩子做得足够好吗？其他孩子是不是做得更好？他有没有落后于人？我还能做什么？他能进入一所好的大学吗？

如果你的孩子爱做白日梦，或很容易分心，你会很担心。儿童问题诊断上的进步可以为数百万有需要的人带来帮助和希望，如今的父母面对的是另外一系列问题：他是孩子气，还是生病了？他这样是一种病态吗？他长大了是不是就会好了？他有注意力缺乏障碍吗？也许这是非语言学习障碍？我应该带他去看医生吗？他是不是需要特殊帮助？这会影响他的学业吗？

说起来容易做起来难，但为了孩子，你需要将担心转化为信任。如果你的孩子需要帮助，那就去寻求帮助，但不要过于烦恼或纠缠于此。你要记住的是，你在解决自己问题的同时，孩子也在试图解决他的问题：我是不是不够聪明？为什么别人可以做到我却不能？我是不是有什么问题？我做得到吗？我上得了大学吗？

孩子的自信始于你对他的信任。当孩子内心的疑虑加剧，需要前进的力量时，你的信任可以给他提供保护。

焦点优势

如果你的孩子很粗心，特别是他被诊断患有 ADD，不要让他的问题成为他的特性，这可能在不经意间发生，因为为孩子找到适合的帮助是很紧迫的。

你要意识到你的孩子需要什么样的方法来弥补他的弱点，但要明确他了解自己的能力、天赋和努力。注意你对他所说的话，以及你如何向他人谈起他，对此，你应该为自己设定限制，特别是在关键时刻——改变状态的绝佳时机。

成功的首要因素

我认为是第五步所谈到的"相信你的孩子"，因为即使是孩子成年自立以后，家长还是可以一直这样做。如果仅就重要性而言，这一步应当是事实上的第一步，它是其他步骤的基础。

在一项研究中，那些成功地克服了儿童时期注意力问题的成年人，在被问及对他们帮助最大的是什么时，你猜他们怎么回答？那就是有一个成年人能信任他们。

第十四章
注意力的力量

> 如果说我曾经有什么有价值的发现的话，那就是更多依靠耐心的坚持，而不是其他什么才能。
>
> ——艾萨克·牛顿爵士（Sir Isaac Newton）

现在，我希望你已经找到了最适合你的那把"钥匙"，并把它拴在你的钥匙串上了。乔、梅格和托德，你在第二章里读到过他们的故事，已经找到了适合他们的"钥匙"。下面请看他们如何运用这把"钥匙"解决他们的问题，以及他们如何每天都使用它们达到成功。

篝火上的木头。作为一名工程师，乔更喜欢研究他的大脑化学成分的结构。他立即就找到了肾上腺素和他的注意力专区之间的关联，并且希望了解更多。一旦他了解到在他完成某项工作后，他会释放出更多的多巴胺，他很快就能学以致用。用他的话说，我需要"最后一杯果汁"。现在，乔还在继续使用自我鼓励和想象来帮助形成新的习惯。

第十四章 注意力的力量

乔把他所有的新的开始都比喻成火焰,而把他坚持的信心比喻成木材。在他的想象中,木材在营火中燃烧,他坐在旁边享受着温暖的感觉,烹调他的晚餐,他知道只要自己需要,火焰就不会熄灭。用这样的方法,乔为自己酝酿了适当的情绪来继续他的工作。他还很喜欢往火焰里加助燃剂以使它保持燃烧这样的比喻,这帮助他记住不要过多地加入"助燃剂",而要更关注于自己的"行为"——这些关键词帮助他保持自己的注意力。

这样的画面有助于加强乔对自身的客观观察,他开始让自己看到他的甜甜圈和电脑游戏都是火焰,而不是木材。在了解到这些以后,他大大地削减了用在这些上的时间。他不会再把整晚的时间浪费在游戏上,乔尝试着早一点上床睡觉。这被证实是很大的挑战,他脑子里在反复斗争,对于他本来应该完成的工作充满了忧虑和内疚。乔意识到,他不停地玩游戏,直到自己精疲力竭倒头便睡,潜意识里的原因是他不愿躺在床上和那些糟糕的情绪纠缠。解决这些问题需要时间,但乔成功地运用了抗焦虑这一钥匙串上的钥匙使自己得以安然入睡。

每晚能够整夜酣睡对于乔伊来说是重要的转折。他发现自己在工作中也可以更好地控制自己的注意力了。上午的时间和开会的时候,乔反复地进行自问练习:"我现在在干什么?"周末在家里,他一边整理自己的电脑桌和数码照片,一边保持他的火焰继续燃烧。他把家庭娱乐室的布线任务外包出去,不再有过宽的关注区域。乔对自己重拾信心。

低速、中速、快速。梅格是一位视觉艺术家,她采用一种很简单的方法掌握自己的肾上腺素分值:她给自己划定了低速、中速和快速三个档位。她创造了很多奇特的方式来为她的生活增加刺激，比如中断电源和需留神的多重任务。她成了一名茶鉴赏家，甚至创造出了她独家调制的红茶、绿茶、白茶和花草茶。她做了各种各样的音乐播放清单，混合了古典音乐、爵士乐以及世界各地的舞曲。她发现在做计算的时候听新的音乐可以让她的肾上腺素分值在相当长的时间里保持在"中等"水平。

梅格希望在她"低速"的时候有更多的选择来帮助自己提升情绪。有些时候，她边跳salsa边给自己准备一杯加料的红茶，有时候边打鼓边喝蜂蜜绿茶。对梅格来说，重要的是能够意识到自己在做一些事情来控制自己的情绪。她能够看到，随着她的努力，她重建了自己的信心，让自己成功地恢复了注意力。

梅格使用的是"终结拖延"这一钥匙串上的钥匙，来让自己学会按时完成工作。另外她运用"可持续性工具"这把钥匙来学习如何为自己的记账工作制定一张电子表格。她在电脑里将自己需要学习的课程整理起来，将它们分解成详细的步骤，并制定出休息时间，作为对自己的奖励。每次完成20分钟的Excel课程，她便允许自己在YouTube上看10分钟视频。

有一天，梅格在她的公寓里翻箱倒柜地寻找一件原创艺术品，拿去给一位潜在的客户。她知道那东西就在屋里，只是不知道在哪儿。那个周末，梅格终于决定要结束杂乱的状态。开始，她没办法让自己这么做。后来，她意识到必须让自己下定决心来解决混乱的状态，所以她给自己制订了一个计划。为了有一个更好的开始，她等待自己的肾上腺素分值达到"高"之时，将收拾内务放到自己备忘录的第一位。

而且，梅格决定向朋友寻求帮助。即使是现在，梅格在做一些不需动脑的工作，比如叠衣服时，经常也会打电话给朋友，同

第十四章 注意力的力量

时做一些别的事情。但是收拾她的烂摊子可不是不需动脑子的工作。她需要集中注意力,做出各种决定。梅格过去经常会对她的朋友施以援手,她知道朋友们也愿意支持她。所以她选择了一些可以信赖的朋友,成为她的电话知己,听她谈论她的卡片、记录、文章、杂志和备忘录。她给自己买了副蓝牙耳机,方便和朋友聊天。朋友们的介入让梅格无聊的杂物清理工作变成了有意思的经历。

几个月以后,当梅格的房间已经收拾停当,她意识到她的肾上腺素保持在中位和高位的时间越来越多了。房间里的空间变大了,梅格自己也不再空虚脆弱了。

我不是我的父亲。托德开始使用"抗焦虑"这一钥匙串上的钥匙。虽然他的员工谁都没有向他提及,但托德自己很客观地认识到在工作上他是个急性子。

托德的自我观察同样让他面对他女儿在学校所遇到的麻烦。托德发现自己差点遗忘了自己在女儿这个年纪时候的感觉。那个时候托德多么希望父亲能够在自己身边,这样的回忆让他很痛苦,在他看来,ADD应该是指父爱缺乏紊乱。

托德运用了重新审视过去的方法来帮助自己缓解孤独的童年记忆。他每周都参加咨询,让自己的感受能够从过去解脱出来。托德使用的是"目标与意义"这一钥匙,他决定在晚上和周末花更多的时间和家人在一起。当他试图到办公室去或是在电脑旁边不停工作的时候,他就运用"'临终'考验"这一方法让自己找回自己的渴望,与妻子和孩子在一起。他在抽屉里保留了一份史蒂夫·乔布斯在斯坦福大学毕业典礼上的演讲稿。托德自我鼓励并提醒自己"我不是我的父亲"。

托德没有把他的电脑带到家庭的早餐桌上，与此相反，他待在办公室直到工作完成。最初，他不能赶上孩子上学。但通过保持注意力和提高效率，他能够完成更多的工作，然后在白天抽出时间全身心地陪伴他的家人。

托德承诺要为贝基做些事情，就是他希望他的父亲能为他做的事情：和他单独在一起。问题是：他能和贝基一起做什么呢？托德对逛商场毫无兴趣，贝基对运动也提不起精神。贝基最先想到了主意——爸爸可不可以给她讲讲股票市场？他们在网上找到一个网站，他们各自建立了一个模拟账户。他们很开心地进行着赚钱竞赛，他们也因此建立起了牢固的联系。他们在一起的时间给了托德一个机会帮助贝基改掉蛮横的毛病。另外，托德和他的妻子开始尽量减少在贝基提出要求时对她表示关注，而是在贝基以友好和合作的态度行事时给予她更多的关注。

托德的父亲在五十多岁的时候死于心脏病，托德决定在这一方面，他也不能像他的父亲一样。在他的年度健康检查中，托德的医生要求他进行锻炼。托德也曾经做过一些锻炼，但他现在决定将锻炼作为一种习惯，每周三次，每次跑两英里。他惊喜地发现锻炼使他更好地集中于工作。托德不再经常感到有负担和烦躁。他仍然保持着他的竞争优势，但他以完成目标的态度取代了对失去的恐惧。在愿望而非恐惧的驱动下，托德现在几乎所有的时间都能够保持注意力，并且保持成功的动力。

我们是人还是受过训练的海豹？

乔、梅格和托德运用各自新的注意力调整技巧完善了自身。此外，

第十四章 注意力的力量

托德和他的妻子还运用他们的注意力来奖励贝基的合作态度。当我们有意识地用我们的注意力来影响其他人的行为时，我们是不是在操纵他们呢？

有人不喜欢把注意力拿来作为一种奖励。他们认为这样做太工于算计了——好像是在把人当作实验室里的小白鼠，而不是把他们当作平等的人来看待。事实上，不论我们是否意识到，我们都在以自身的注意力不断地互相影响。如果有意这样做，至少你可以选择去支持什么样的行为、阻止什么样的行为。

2006年的夏天，艾米·萨瑟兰（Amy Sutherland）撰写的《萨姆教我的婚姻保鲜秘诀》一文在数周之内都位于《纽约时报》获得最多观众反馈的文章之首。在家里，萨瑟兰逐渐意识到，不断地唠叨丈夫一些小的毛病只会让他的情况变得更糟。当她在写一本关于驯兽师的书的时候，台灯的灯泡坏了。她决定把驯兽师对待动物的方法用在她丈夫的身上，结果她发现这居然奏效。她运用自己的注意力奖励她喜欢的行为，而忽略她不喜欢的行为。

如果丈夫仅仅往篮子里扔了一件脏衬衣，她会对他表示感谢。而在同时，她忽略掉扔在地上的沾满土的衬衣，她惊喜地发现，这样的现象越来越少了。萨瑟兰解释道，驯兽师把这种方法称为"接近理论"，你要对他的每一点进步表示鼓励。

当萨瑟兰的丈夫在房子里大肆翻找钥匙时，她保持平静，一言不发，这种方法称为"逆向增强症状"（LRS）。他最终冷静下来告诉她，"钥匙找到了"。

最终，萨瑟兰报告说，她不断地抱怨她的牙箍，她丈夫一言不发。她意识到他在对她使用LRS，而且她认为这很管用。

注意力是一种力量，可以善加利用，也可能不能。你可以用你的注意力去推动你自己和他人的好行为，也可能催生不好的行为。在你行为的同时意识到自己行为的后果可以让你更加聪明地运用你的注意力。

注意力经济

1971年，诺贝尔经济学奖获得者赫伯特·西蒙（Herbert Simon）最初观察到"丰富的信息量造就了注意力缺失"。在当今世界，到处充斥着丰富的信息，但注意力却被削弱了。因此，我们生活在一个新的"注意力经济"的时代，在这样的时代，注意力是稀缺而有价值的货币。

在注意力经济的时代，商界专家托马斯·达文波特（Thomas Davenport）和约翰·贝克（John Beck）得出这样的结论："现今获得商业成功唯一重要的决定因素就是理解并管理注意力。"21世纪，我们面对的是不平衡的供求关系。我们面临的最迫切的问题是"商业和社会对信息的需求得不到足够的关注"。

在注意力经济中，加州大学洛杉矶分校的教授理查德·兰海姆（Richard Lanham）同样观察到我们正从物质经济向注意力经济过渡。在我们这个以信息为基础的社会中，我们缺少的是能够让我们所有的信息变得有意义的注意力。

我喜欢把注意力看作一种货币，它促使人们了解它的价值，就像是一项让我们回归的投资——这取决于我们每天所做出的决定。

如果你以黄金进行交易，你需要使用一台秤来称量每一盎司黄金。如果你以现金来完成交易，你要数数自己手里的钱。注意力是和它们一样的一种资源，每盎司的专注都计算在内。学习集中你的注意力将

第十四章 注意力的力量

使你更加强大,你的注意力是有价值的。

当你练习种种使你保持注意力的技巧时,你相当于在注意力经济中拥有了相当的货币,你是一个富有的人。你掌握着自己的钱袋子,从上一代人从未知晓的知识宝藏中获取你所需要的。广阔的信息海洋将为你所用,帮助你学习、成长、发现、享受和实现你的人生目标。

注意力是我们的创造

有些时候,当你读完一本书后,你接下来会专注于什么?工作?游戏?家庭?朋友?财务?记住,你把注意力投放在哪里,哪里就会有所进展。

我们永远不可能不分心,我们也不希望如此。如果你训练自己去忽视一个孩子的笑容,一朵芬芳的玫瑰,一次简单的友善,一道明媚的彩虹,或者一个灿烂的落日,它们对你来说将越来越难得。很多世纪之前,苏格拉底就曾经警告我们要"警惕繁忙的生活所带来的荒芜"。

玛丽·卢·雷顿(Mary Lou Retton),第一位获得奥运会全能金牌的非东欧的体操运动员,在1984年夏季奥运会上说:"干扰无处不在,但如果你脱离了游戏的中心,奥林匹克只不过是又一场竞赛而已。"生活也是如此。

我希望你们能够用在这本书里学到的方法有意识地关注那些对你来讲很重要的东西。你做得越多,你就越有可能创造你自己和你所爱的人所希望的生活。

致　谢

如果没有到我诊所来的客户,就根本不会有今天的这本书。非常感谢你们的勇气、信任与足智多谋。你们都是这本书的一部分,是你们教会了我哪些是管用的、哪些是重要的,而哪些不是。

我还要非常感谢我的代理罗伯特·夏普德先生,是他的信任和支持才让这本书得以出版。我非常感谢他明智的忠告、坚忍的力量和令人佩服的丰富知识。我还要感谢莱斯利·梅瑞狄斯编辑,她坚信这本书的重要性,提出了很多有用的主意、建议以及经验和指导。还要感谢自由出版社的每一个工作人员,安德鲁·保尔森,你积极肯干的工作精神感染了我。

同时,还要感谢我的同事和朋友们,他们的诚实和有创意的讨论给这本书很多的帮助。衷心感谢戴夫·伯恩卡用他的原创性的视野和头脑风暴来解决遇到的困境。马克·库珀博士,感谢你帮助我简化了书中的专业科学解释,使之精准。还有下面每个人的支持:马乔里·坎普、阿莱·克里斯琴森、林恩·麦克布赖恩、乔尔·奥克斯曼博士、洛丽·奥克斯曼、梅西·罗格、我的父母约翰·帕拉迪诺和露西·帕拉迪诺，还有我的姐姐玛丽亚·吉尔。

还有三位从一开始就跟我一起战斗的朋友。我难以用语言来感谢我的家人们。我全心全意地感谢我的丈夫亚瑟·科马诺，感谢你对我的鼓励、信赖以及对手稿提供的帮助。亚瑟照顾我每天的日常生活，好让我能保持在自己的注意力专区，用心写作。还要感谢我的女儿珍妮弗·科马诺，以及她一直以来对我的支持，不断的建议和创新的精神。感谢你聆听并帮助我看到以前可能没有注意到的方面。

最后，我要感谢我的女儿朱莉娅，是她给予了我大量的时间、注意力和相应的技巧，让这本书得以付梓。她很认真地阅读了我写的每一章的原稿，提出了很有见地的意见，让我非常感动。再次感谢你，朱莉娅，你能理解这本书的价值，升华了本书要传达的内容。

Find Your Focus Zone: An Effective New Plan to Defeat Distracting and Overload

By Lucy Jo Palladino

Copyright © 2007 by Lucy Jo Palladino, PhD

Simplified Chinese Translation copyright © 2022 by China Renmin University Press Co., Ltd.

Published by arrangement with the original publisher, Atria Books, a Division of Simon & Schuster, Inc.

through Bardon-Chinese Media Agency

All Rights Reserved.